クモの奇妙な世界

その姿・行動・能力のすべて

馬場友希

家の光協会

図説

クモの体

オスとメスとで体の大きさや色・模様が大きく異なる。正確な同定には交尾器の確認が必要。

オス（ナガコガネグモ）

造網性のクモは、メスに比べて小さく、徘徊性のクモはメスとの体格差が小さいものが多い。交尾器は、頭胸部にある触肢。

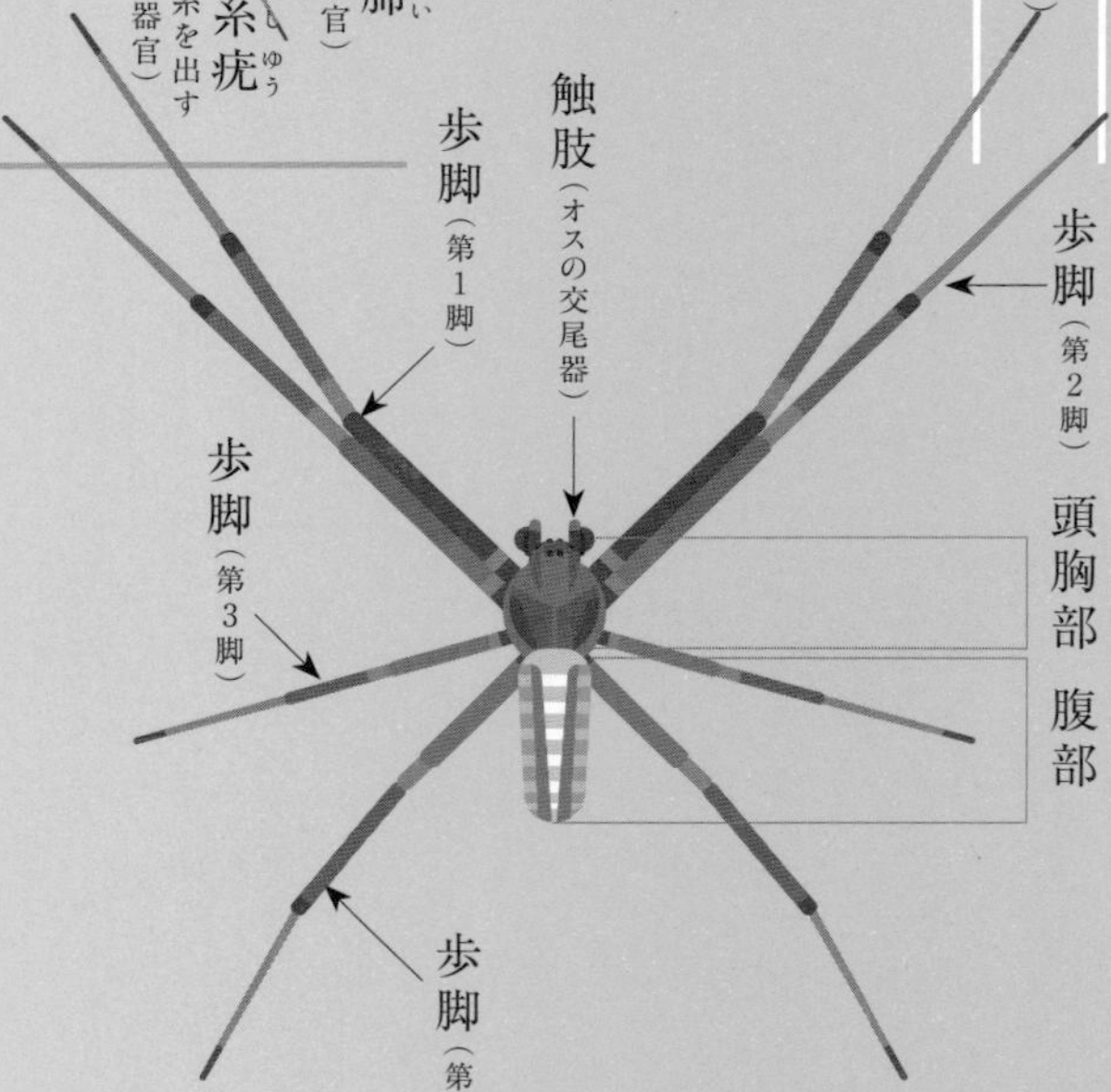

【腹部裏側】

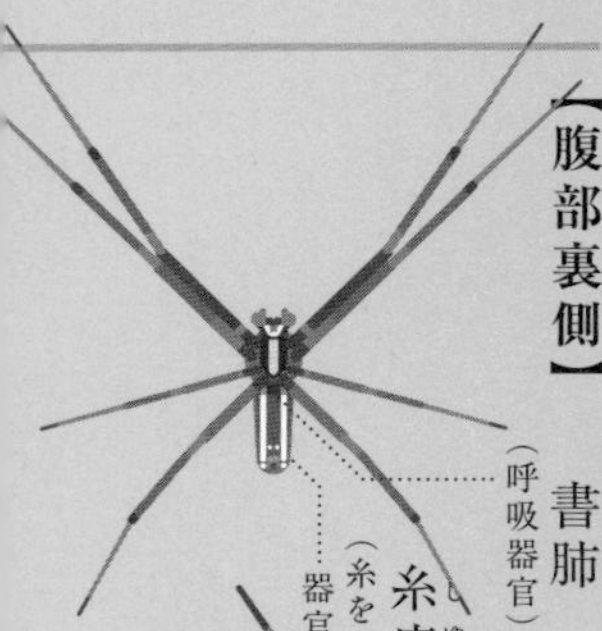

【正面姿形】

造網性のクモは眼がよくない。

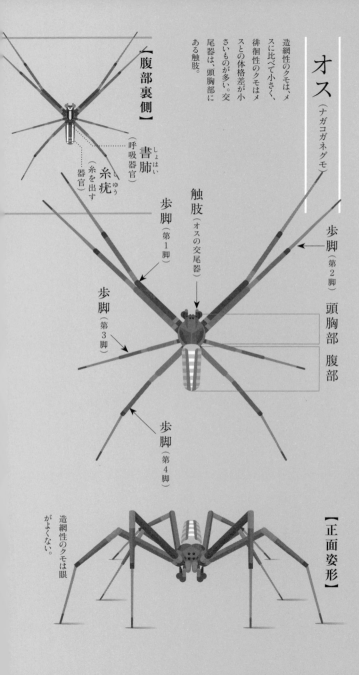

メス（ナガコガネグモ）

よく見かける、網で獲物を待ち構えているクモは、幼体かメス成体。腹面に外雌器というメス特有の交尾器を持つ。

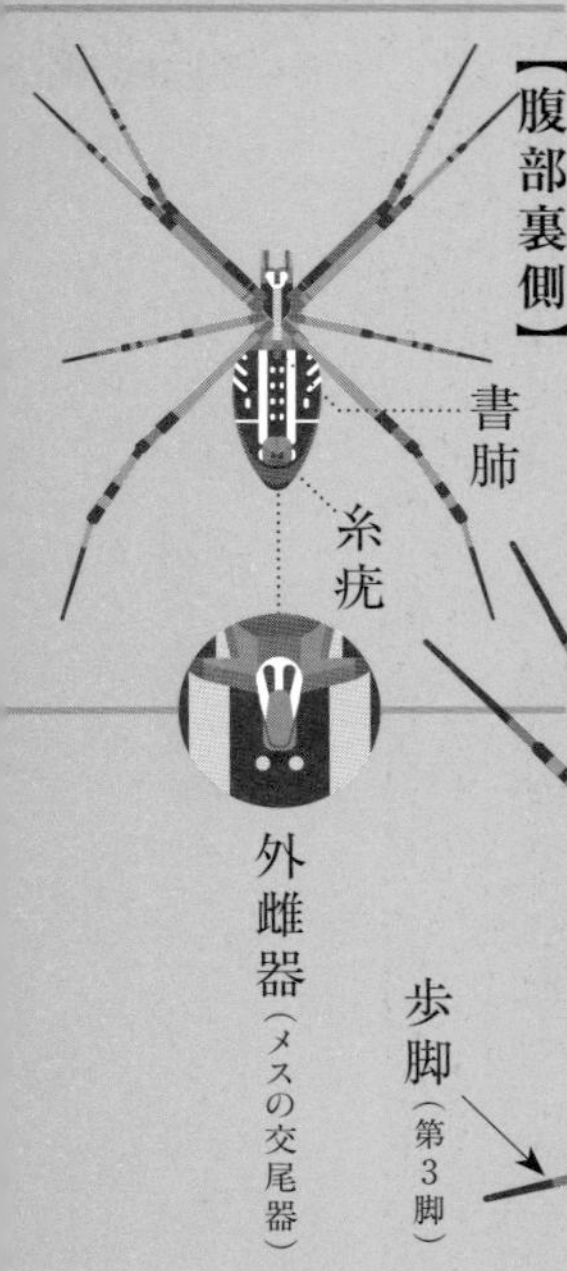

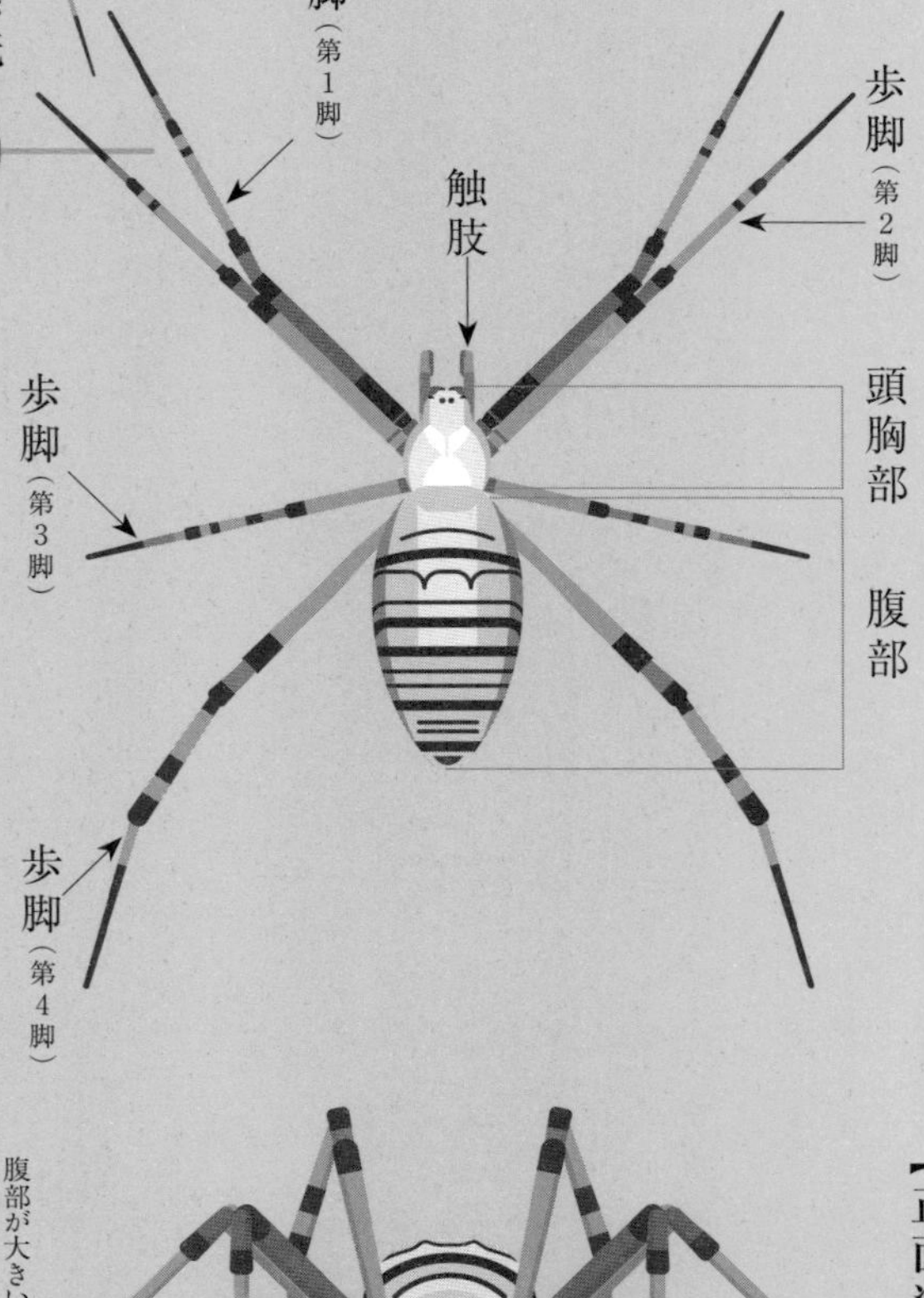

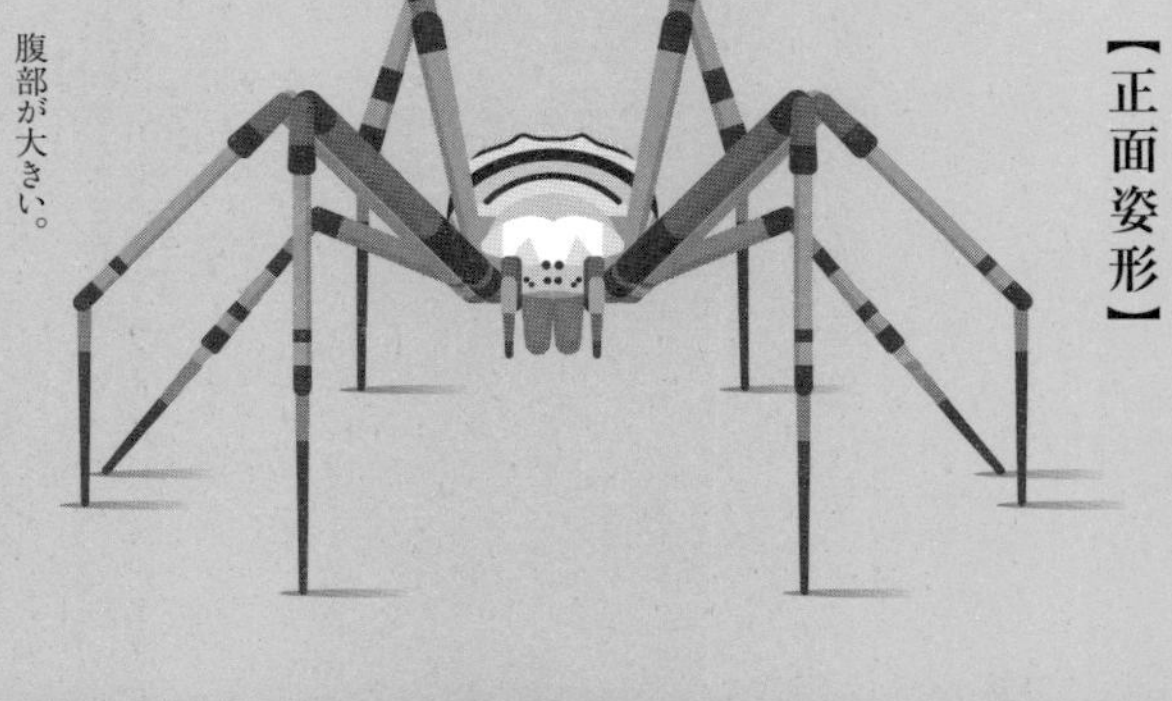

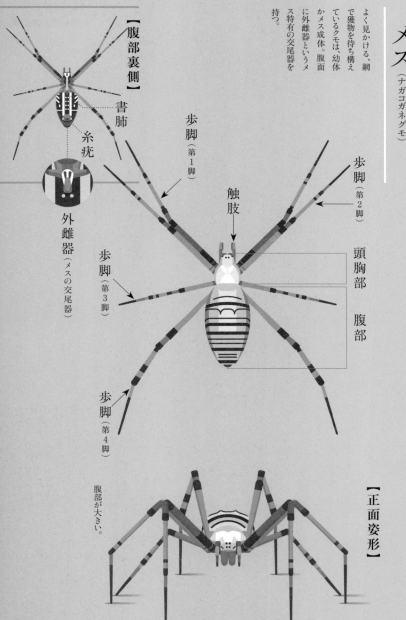

図説

造網性（網を張る）のクモ

いわゆる巣を作るクモは、基本的に第3脚のみ短いのが特徴。多くは8眼で、「前4・後4」の配列で並んでいる。

円網

平面の網。餌を捕らえるために張る。横糸には粘着性があるが、縦糸・枠糸は粘らない。

基本的に毎日張り替える。網の特徴によってクモのコンディションが分かる。

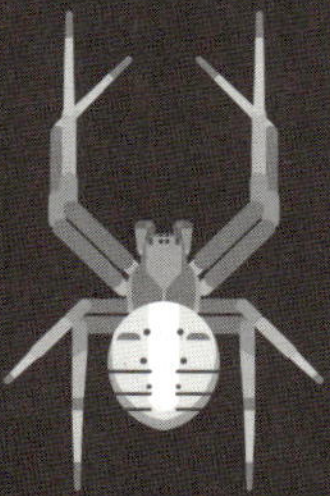

【コガネグモ科】腹部が丸い。

【アシナガグモ科】腹部・脚が長い。

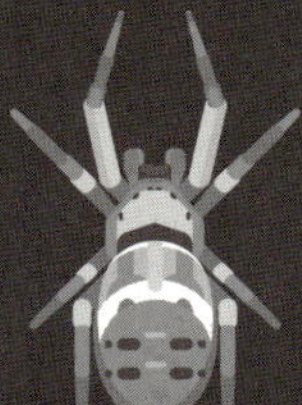

【ウズグモ科】腹部がやや高い。

ハンモック網
ドーム網

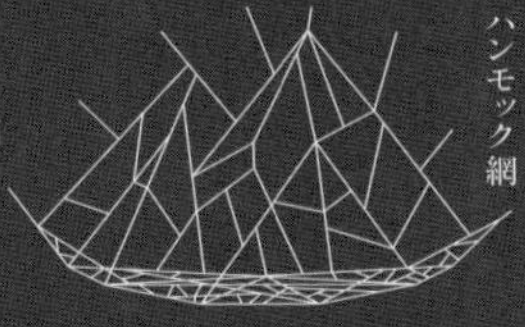

ハンモック網

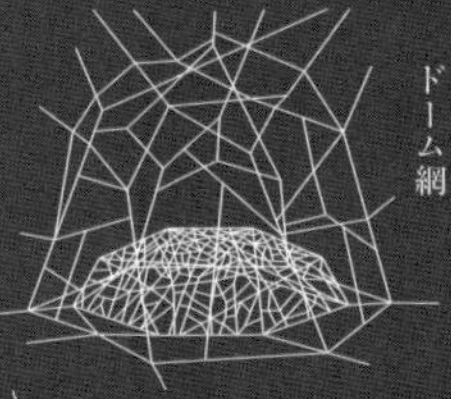

ドーム網

ハンモック（皿）状やドーム状のシートを中央に作り、その下に個体がぶら下がる。

【サラグモ科】
種類が多い。

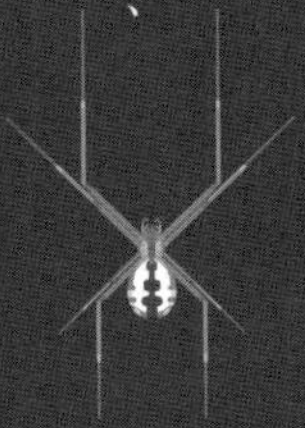

狭い隙間に小さなシート状の立体網を張る。

【マシラグモ科】
左右に3つずつの6眼。

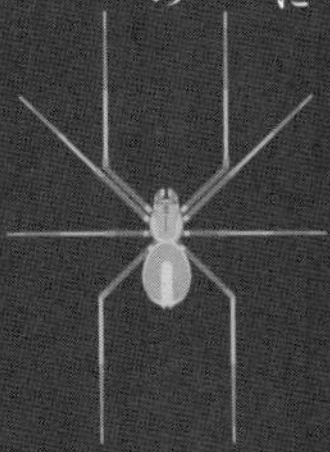

※図説ページでは、比較的見つけやすい科を紹介しています。

棚網

奥にトンネル状の住居がある。

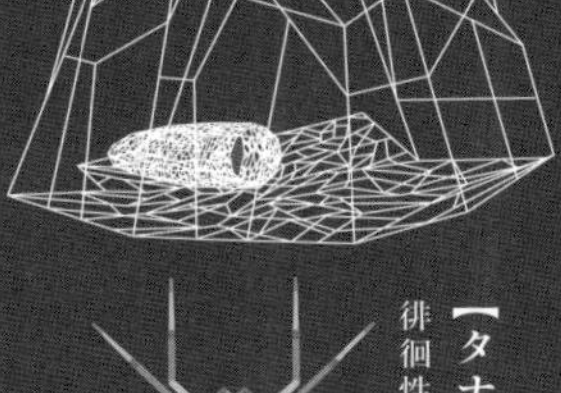

【タナグモ科】
徘徊性に近く、動き回る。

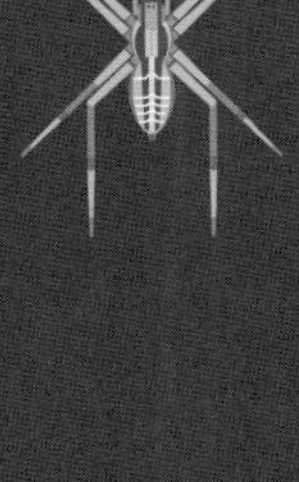

不規則網

不規則な糸を立体的に張る。

※シート状の網を張るものもいる。

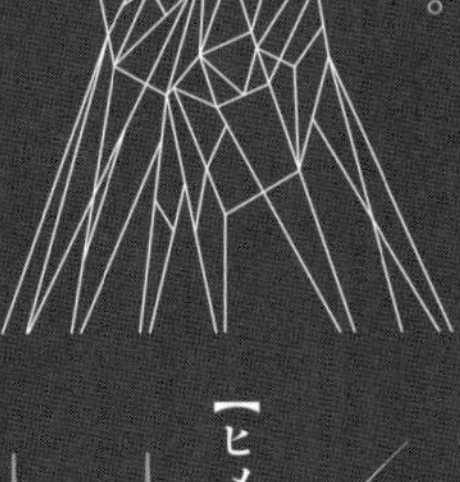

【ユウレイグモ科】
手足が長い。

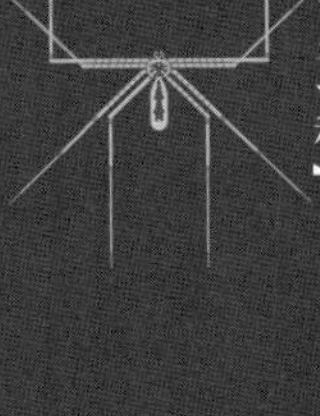

【ヒメグモ科】
腹部が丸い。

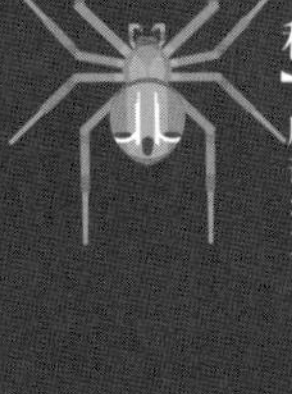

図説

網を張らないクモ①

徘徊性のクモは、脚の長さがすべて均等のものが多い。また、造網性のクモと比べて、「前4・後4」以外の眼の配列がよく見られる。

眼で見分ける

眼が「前4・後4の8眼」ではない

前2眼（前中眼）が大きい「4・2・2」の配列。
飛び跳ねる。

眼の配列が「2・2・2・2」。
脚に長い棘がある。
眼の配列が、真ん中が大きい「4・2・2」。

※【シボグモ科】も似ているが、眼が「2・4・2」。

脚で見分ける

眼の配列は「前4・後4の8眼」

脚を上下に伸ばして静止。

【コマチグモ科】

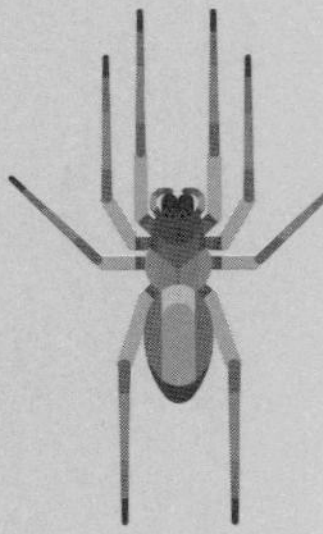

【フクログモ科】

脚を左右に伸ばして静止。

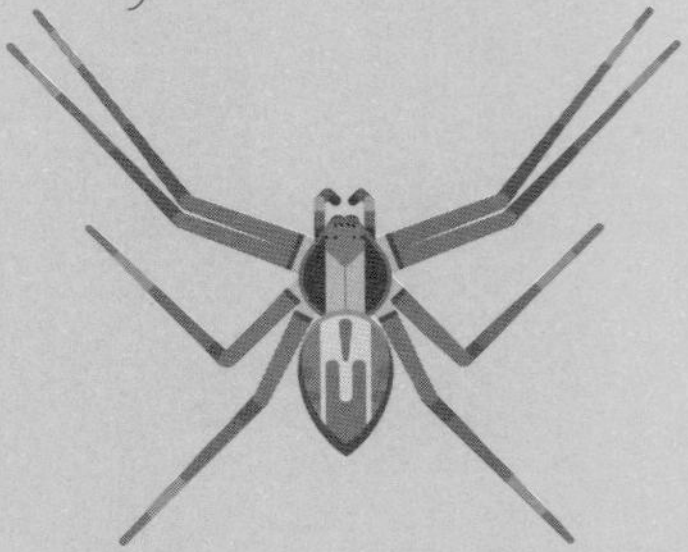

【エビグモ科】

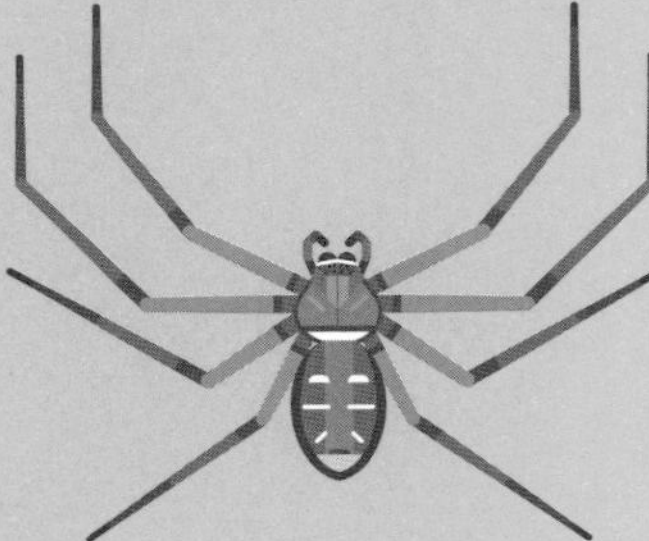

【アシダカグモ科】

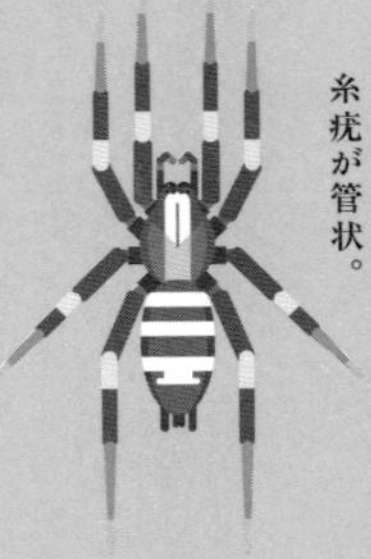

※【ワシグモ科】も似ているが真ん中の眼が△型。糸疣が管状。

第1・2脚が長い。

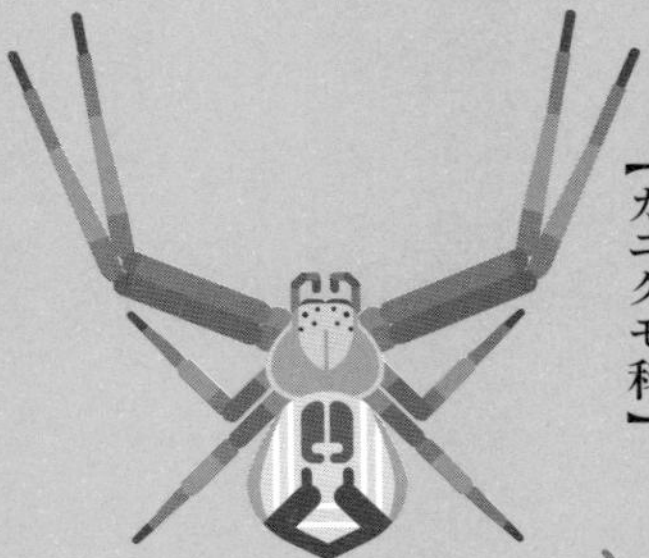

【カニグモ科】

日本に1種ずつしかいない。

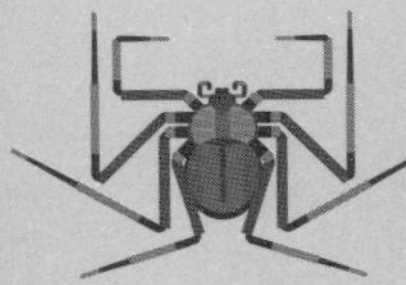

【ヒトエグモ科】

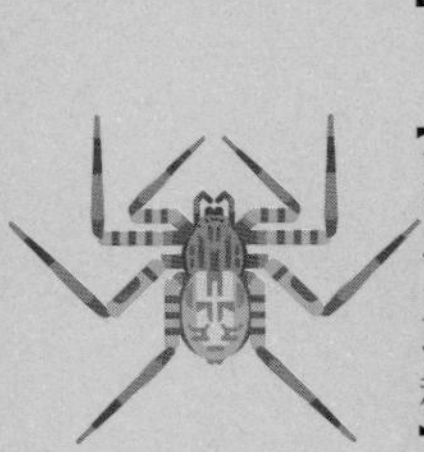

【アワセグモ科】

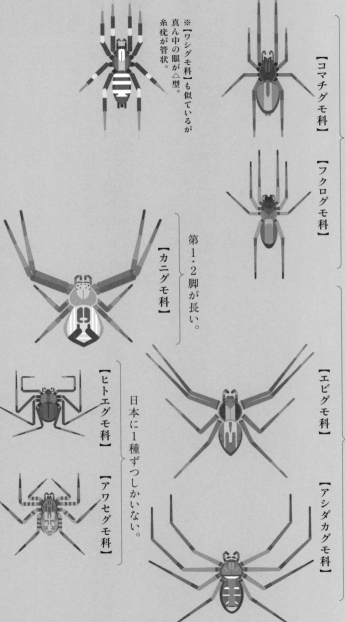

図説

網を張らないクモ②

ハラフシグモ科のクモは「生きた化石」ともいわれるクモの仲間で、進化的に古いタイプ。

原始的なクモ

地味な色合いで、脚が太い

土中や倒木の裏などに潜む。あごが縦に可動し、がっしりした体つき。

【トタテグモ科】

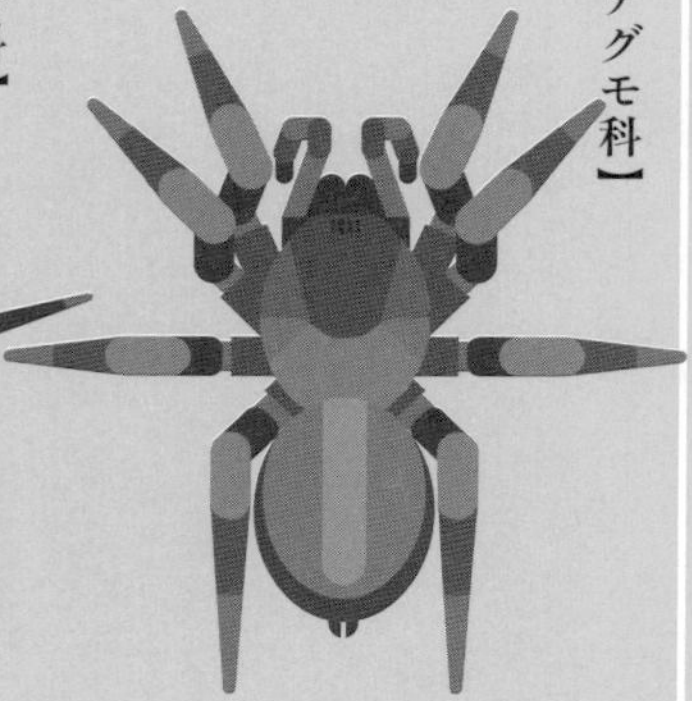

【ジグモ科】

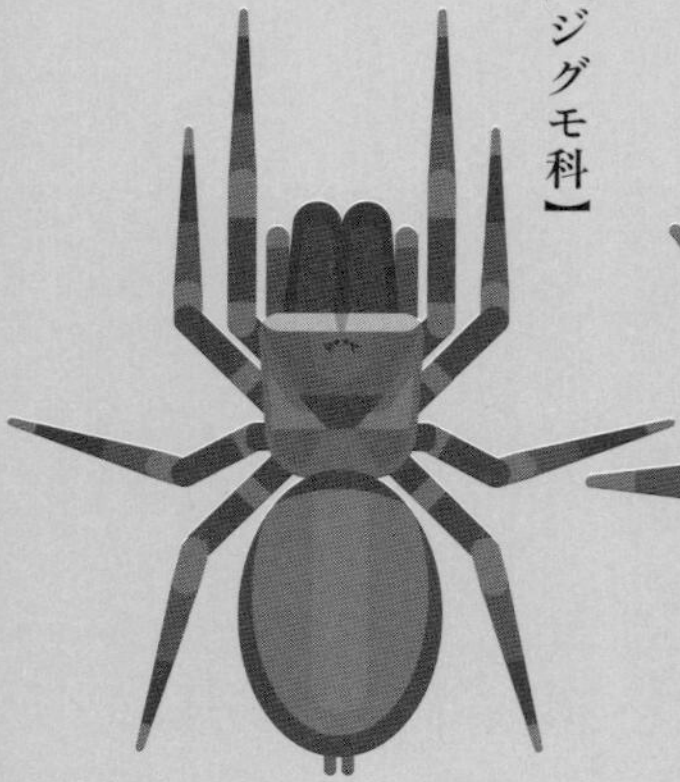

触肢が太いため、脚が5対あるように見える。※ジグモ科は別。

【ハラフシグモ科の仲間】腹部に環節がある。

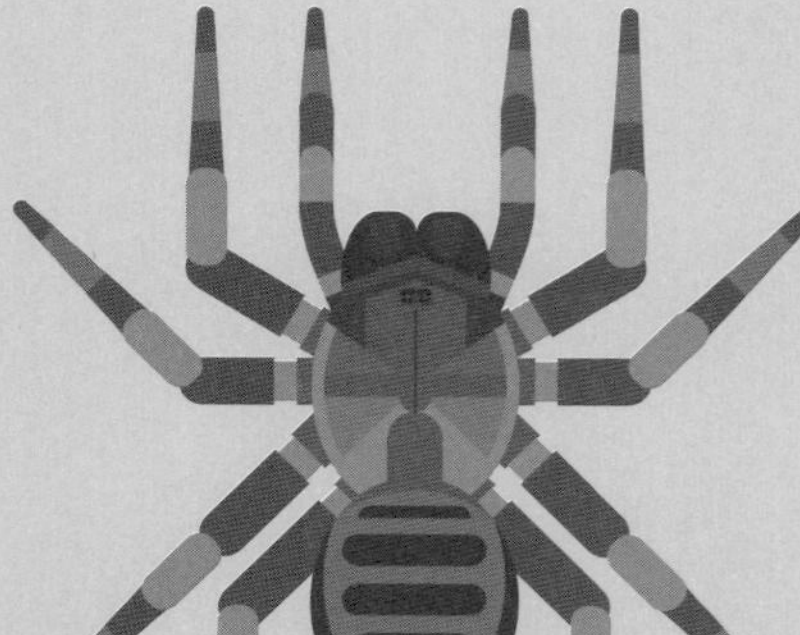

その他のクモ

それぞれ見た目で覚える

これらのクモは日本国内では種類が多くない。

【ヤマシログモ科】

頭部が異様に発達。

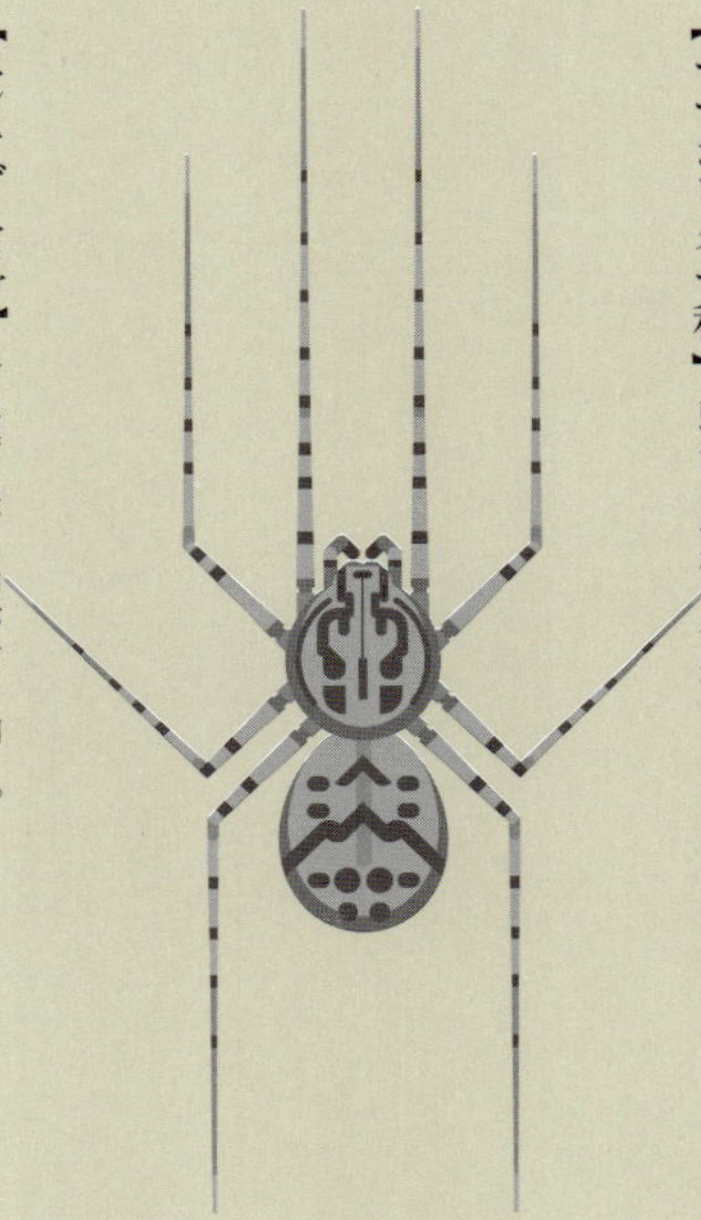

【エンマグモ科】

静止時に第3脚が前を向く。

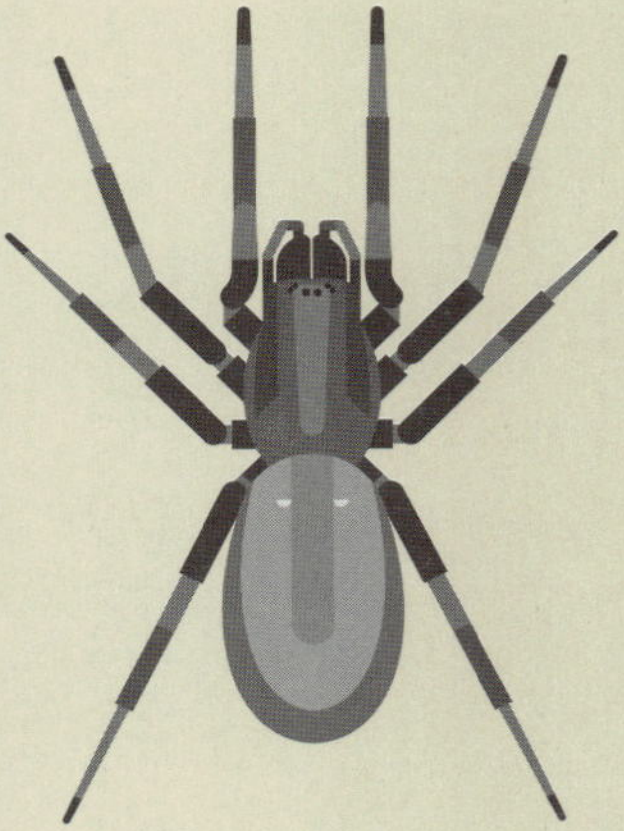

【チリグモ科】

形が扁平。

【タマゴグモ科】

小さく、6眼。

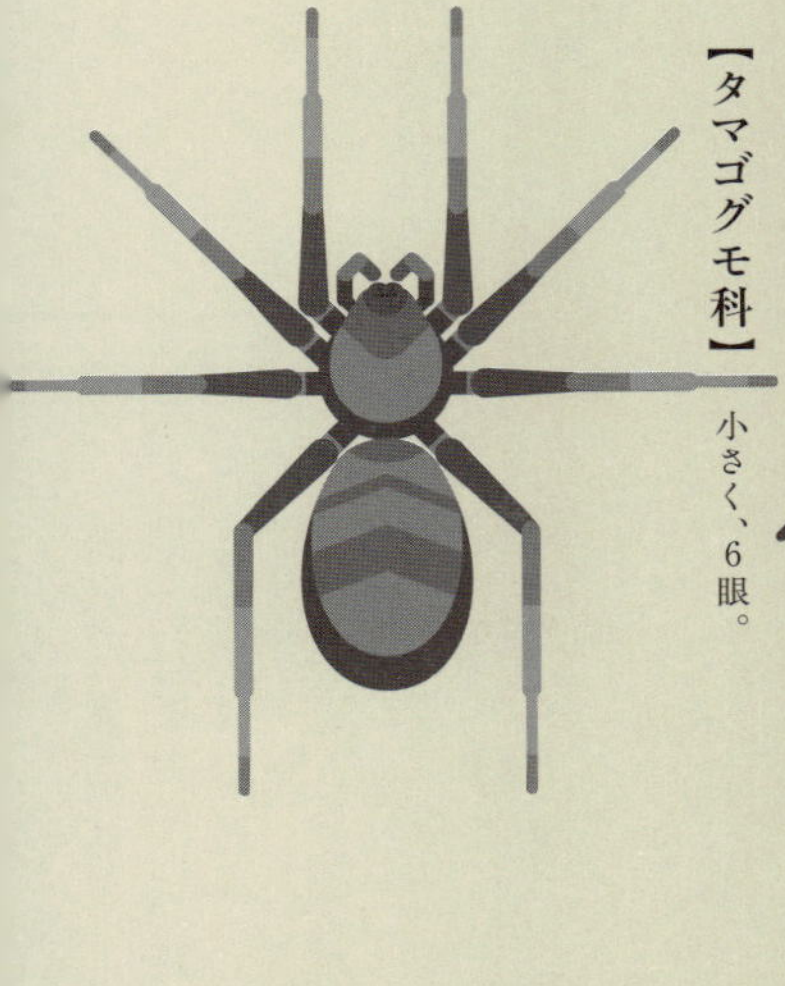

図説

クモの系統樹

図上で枝分かれが少ないものほど原始的な科。また、位置が近いもの同士が進化的に近い科になる。図中のクモはすべて科名。

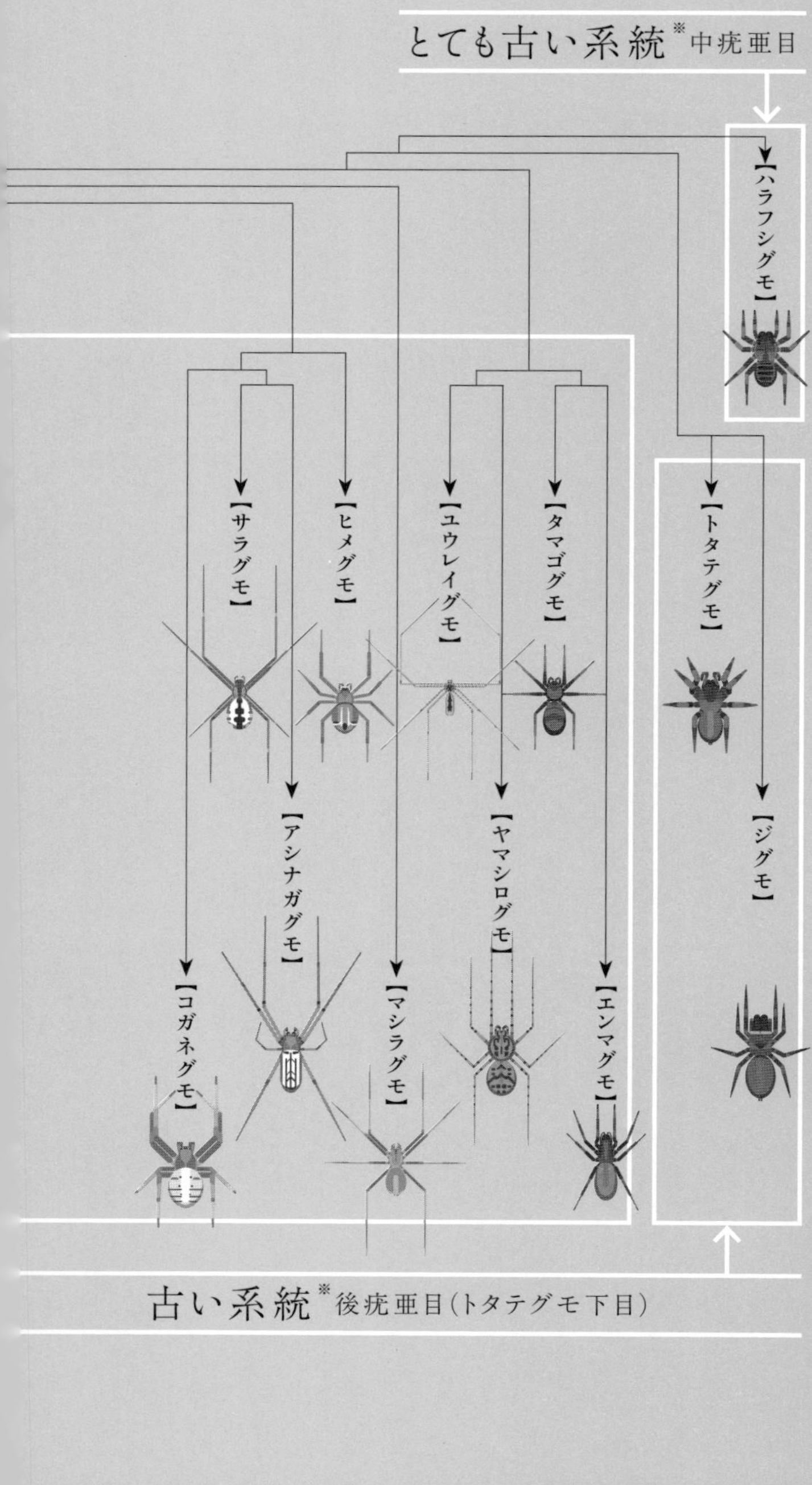

ここで示した図はあくまで簡易的なもの。分類にはまだ謎が多く、新たな研究結果によって日々更新されていっている。明日にはもう古い情報となっているかもしれない。

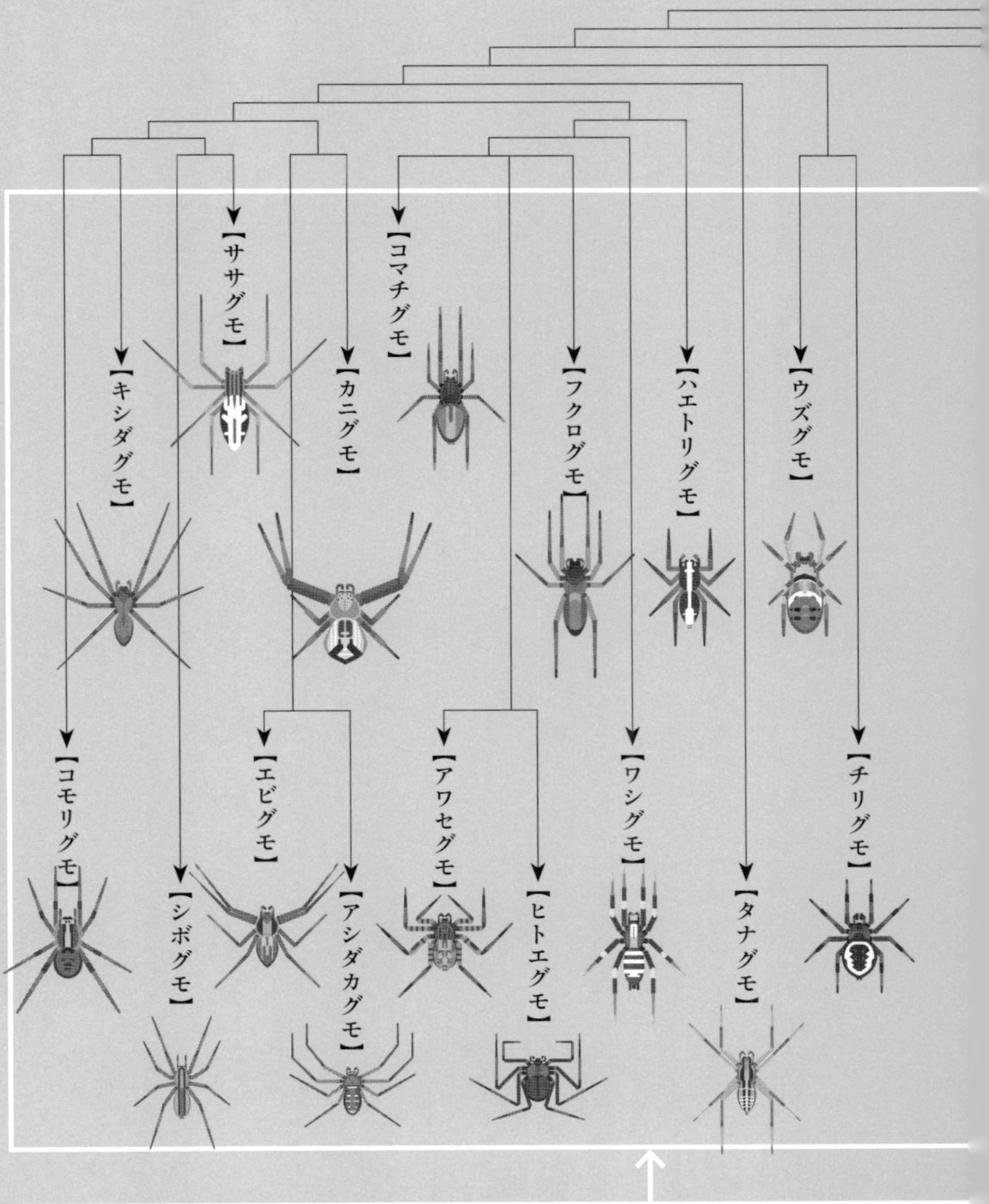

※ごく大まかなグルーピング。日本で見られる代表的なグループ（科）のみを表示。

比較的新しい系統※後疣亜目（フツウクモ下目）

はじめに

クモというと「気持ち悪い」「毒がある」とネガティブな印象を持つ人が多いかもしれません。

実際、クモの愛好家や研究をしている人たち、いわゆる「クモ屋」さんにも、過去はそうだったという人は多いのです。昆虫とは異なり、クモ少年・少女と呼ばれる人は滅多におらず（私はクモ少年でしたが……）、多くのクモ愛好家の方々はもともとクモに興味がなく、むしろ嫌いだったという人が意外にも多くいます。それがひとたびクモの魅力にとりつかれると、その態度は180度（あるいは90度）変わり、クモの虜《とりこ》になってしまいます。食わず嫌い、あるいはギャップ萌えとでも言うのでしょうか、実際、接してみると想像とは全然異なるものだったということなのでしょう。

そう、クモを知らなきゃ、もったいないのです。たとえばクモは糸を紡ぎ、網を張るという他の生物には見られないユニークな行動や習性を持っており、非常に興味深いものがあります。それだけでなく、糸を使って空を飛ぶクモがいたり、かと思えば水中に潜るクモがいたり、投げ縄という道具を使って獲物を捕らえるクモがいたりと、クモは不思議に満ちた生き物なのです。

一方で、ちょっと真面目な視点で見てみても、自然界においても肉食動物として害虫の大発生を抑えたり、あるいは自らも鳥やカエルのエサとしてより大型の生き物に食べられたりと、生態系の中で重要な役割を果たしています。さらにはクモが紡ぐ糸やそれによって織りなされる網は人間の文化・経済的な営みにも人知れず大きな影響を与えています。こうしてみると、クモは自然生態系や人間社会にとってもネガティブどころかポジティブな要素のほうがはるかに多く持っているといっても過言ではないでしょう。しかし、そうした実態は多くの人に知られていません。

もっと踏み込んで言いきってしまえば、クモの進化の過程や生活の習性を知ることで、人間というものがより深くみえてくるとさえ私は思います。人には、クモから学ぶべきところが、山ほどあるのです。この本を読んだ人の「クモを見る目」が、少しでもよいほうに代わってくれればいいなと思っています。

それでは、不思議なクモの世界を見ていきましょう。

馬場友希

目次

図説

クモの体……2
造網性（網を張る）のクモ……4
網を張らないクモ①……6
網を張らないクモ②……8
クモの系統樹……10
はじめに……12

第1章　クモの生き方・恋のかけひき

第1節　あのクモの名は　―よく見かける身近なクモの正体……20
第2節　オスとメスの不思議　―圧倒的なサイズ差はなぜ生まれたのか……28

第3節　交尾を巡る攻防　―オスとメスの命をかけた駆け引き……37
第4節　クモの求愛行動　―愛のダンス、あるいは糸電話……47
第5節　あの体色の意義　―異様で多様な色と模様には理由がある……55

第2章　クモの生き方・それぞれの秘技

第6節　アリの威を借るクモ　―なぜアリグモはアリに擬態するのか……66
第7節　ガを食うクモ　―トリノフンダマシ亜科の不思議な生態……73
第8節　他人の家に居候するクモ　―イソウロウグモの盗みの技……84
第9節　空を飛ぶクモ　―海上にまで及ぶバルーニング……97
第10節　水辺に生きるクモ　―水中、水際、そして冠水する棲まい……107
第11節　柔軟なクモの網デザイン　―網を見てクモの体調を推測する……116
第12節　クモの網の多様性　―円網・立体網・受信糸網……127
第13節　網を作らないクモたち　―クモのルーツを探る重要な存在……143
第14節　クモの社会　―集団で生活するクモもいる……152

第3章　クモの生き方・知られざる一面

第15節　クモは何を食べるのか　―偏食家と健啖家と　162
第16節　クモの天敵たち　―クモを狩る、一枚上手な捕食者たち　170
第17節　ご当地グモ　―地理的な要因で分化していく種　184
第18節　昼と夜、どちらのクモが先か　―それぞれのメリットとデメリット　198
第19節　クモのギネス記録　―サイズ、毒、寿命、餌、網、糸に関して　207

第4章　人間とクモが交わるところ

第20節　都会暮らしも快適　―都市と田舎にそれぞれ順応するクモ　222
第21節　豊かさとはクモの数のこと　―クモは環境の豊かさを測る指標　232
第22節　クモがいるだけで　―農作物のボディーガードとして　245
第23節　田んぼとの深い関係　―水田で見かけるクモの生態　252
第24節　毒を持つのは誰か　―ほぼすべての無害なクモとごく一部の危険なクモ　263

第25節　遊びと文化　―いまも各地に残るクモの遊びや文化……274

第5章　さあ、クモの世界へ踏み込もう

第26節　クモの体　―基本的な構造、科の分類……284
第27節　新種のクモを見つけよう　―日本では年に10種以上の新種が見つかっている……297
第28節　観察の手引き　―身近なクモの見分け方……310
第29節　見つけたクモを判別しよう　―採取同定の基本……319
第30節　自由研究のアイデア　―付録……330

おわりに……338
引用文献……343

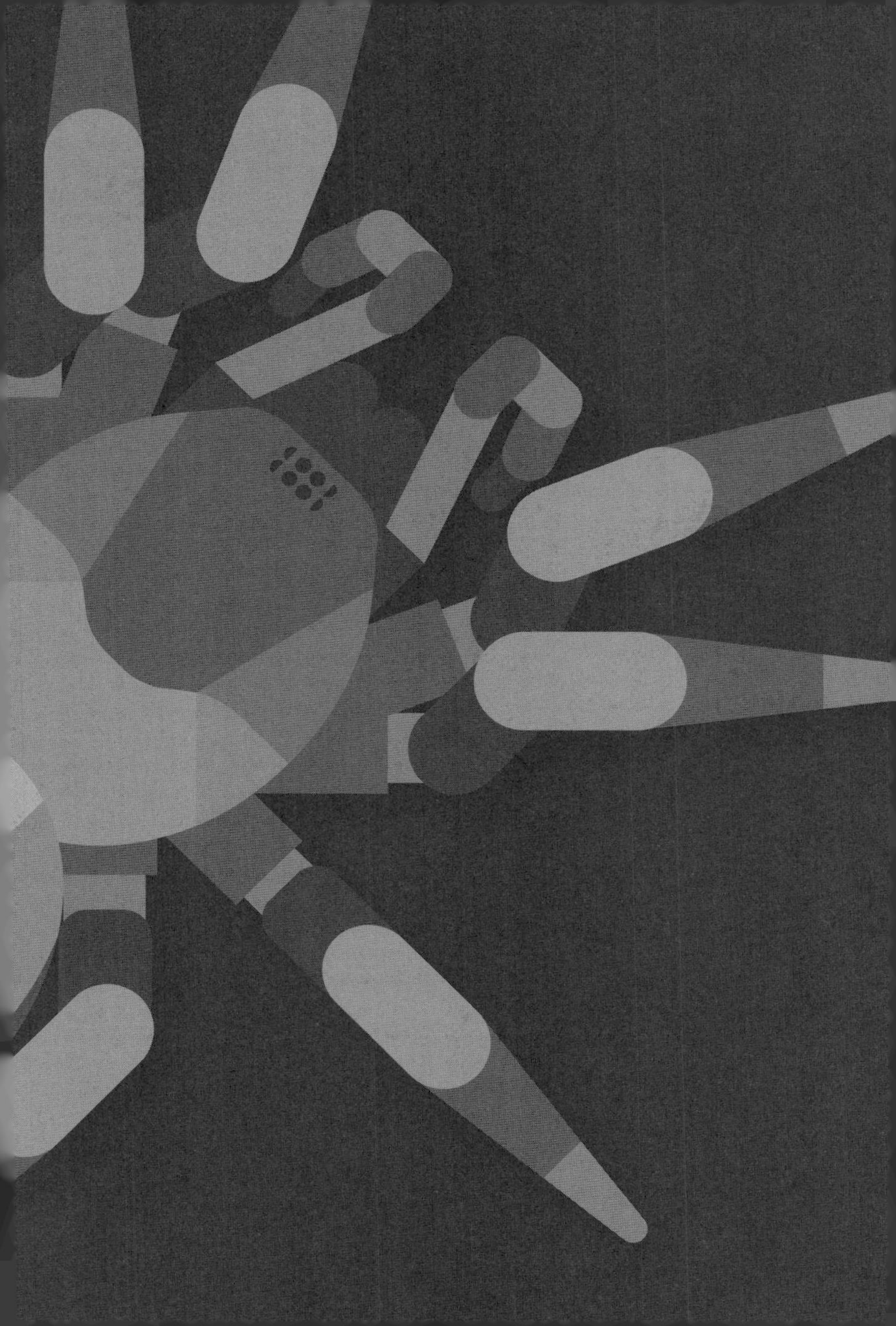

Capter 1

クモの生き方・恋のかけひき

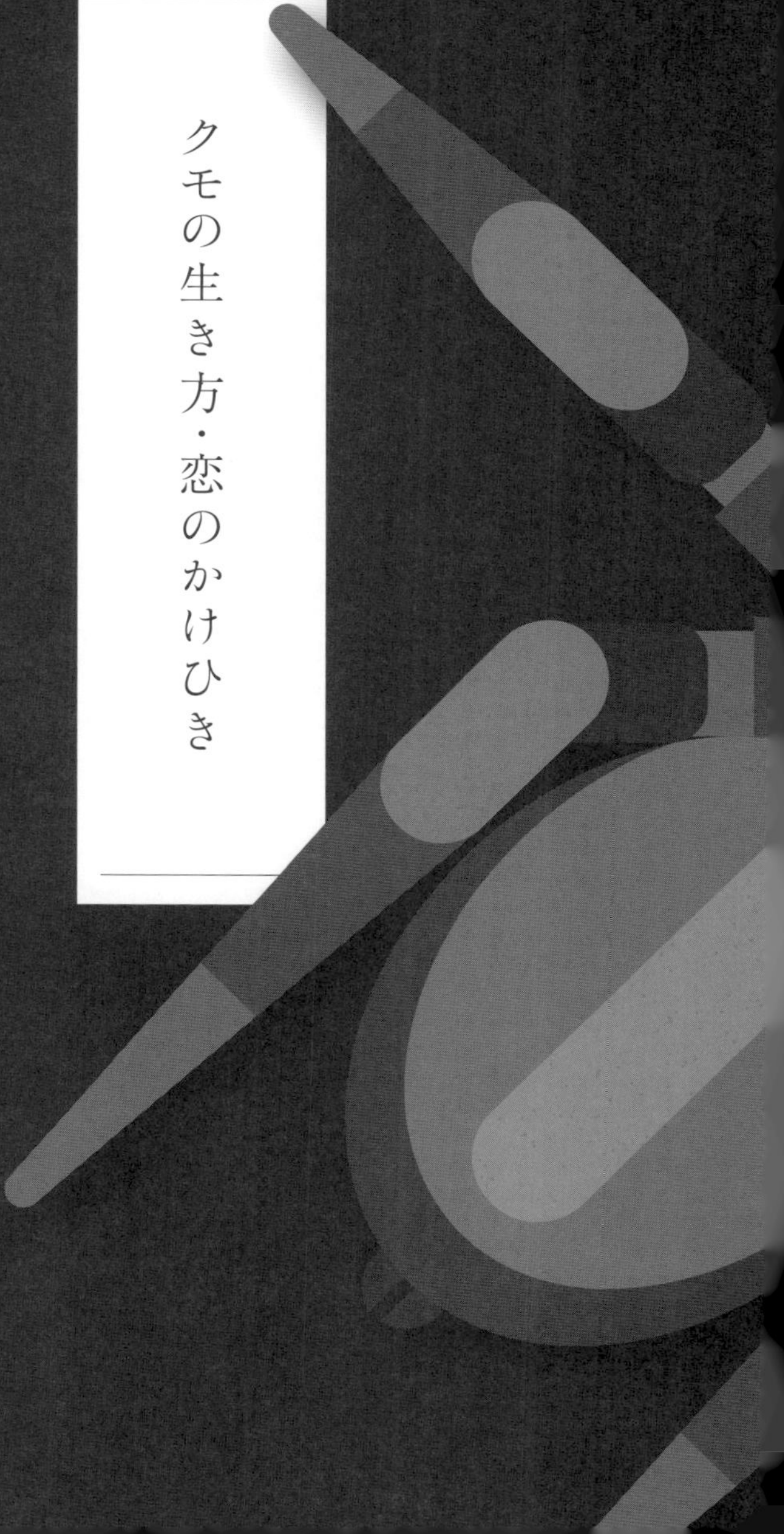

1 あのクモの名は

よく見かける身近なクモの正体

クモは、北極や南極の極地域を除く世界中のあらゆる環境に存在しています。また、クモが見られるのは野外だけではありません。家の中や倉庫、押し入れの奥など、私たちの生活の中にも……。世間一般の多くの方々はクモに馴染《なじ》みがないか、もしくは、それどころか恐怖心を抱いているのではないでしょうか。この第1節ではまず、本当はかわいいクモの世界への入り口として、身近にいる代表的なクモについて、ごく簡単に紹介していきたいと思います。

ネットで人気? アシダカ軍曹

アシダカグモ（*Heteropoda venatoria*）というクモをご存じでしょうか？

日本の暖かい地域に分布する、屋内でも見られる巨大なクモです。本体は約20〜30㎜ですが、脚がとても長く、脚まで含めると10㎝強近くにもなります。その大きな見た目から、怖い印象を受けますが、じつはゴキブリやハエなどの衛生害虫を捕らえる益虫であることが知られています。その巨体からは想像できないほどの速さで移動することができ、そのすばやさを活かしてゴキブリを捕らえるのです。ネット上でも、そのゴキブリ駆逐能力の高さから「アシダカ軍曹」の名で親しまれています。ちなみにアシダカグモの仲間は英名でHuntsman spider（狩人グモ）と呼ばれており、やはり海外においても、圧倒的な狩り能力の高さを誇ることをうかがい知ることができます。主な活動時間は夜間であり、人が寝静まった部屋を徘徊しています。私も以前、福岡のマンションで一人暮らしをしていましたが、**そこにはすでにアシダカ軍曹が棲み着いており、夜な夜な屋根裏から「ミシミシ……」と歩く音が聞こえてきました。**このくらいのサイズのクモになると足音がするのか……と驚いた記憶があります。

アシダカグモが実際にゴキブリを狩る写真も図鑑などによく載っています。また、飼育条件下でもゴキブリを好んで食べることが知られており、ある書籍によると、アシダカグモが2～3匹いる家では、そこに棲むゴキブリは半年で全滅するとの情報もあります。[※1] しかし、実際にはその役割を評価した学術的研究は少ないので、今後の研究の進展が待たれるところです。ちなみにアシダカグモは暖かい地域のクモで、本州では屋内に見られますが、九州や沖縄など暖かい地域では野外で見られることもあります。野外では在来のコアシダカグモというよく似た別の種が見られ、東北地方以北でも、まれにこの種《しゅ》が屋内でも見られることがあります。

かわいいハエトリグモ

オフィスや家でぴょんぴょん跳ぶクモの姿が見られることはないでしょうか？それはハエトリグモの仲間です。家の中ではアダンソンハエトリ、ミスジハエトリ、チャスジハエトリなどの3種がよく見られる代表的な種です。このハエトリグモの

※1／ネット上では、「ゴキブリを全滅させると自らも別の家へ旅立っていく」などとたいへんありがたがられているが、これについても学術的な研究をもっていわれていることではない。

仲間は他のクモと違って網を張らない徘徊性のクモです。このクモの特徴かつチャームポイントは、発達した大きな眼です、とても視力がよく、目視で餌《えさ》となる虫を発見し、追跡して食べる習性を持っています。目がよいため、**人がハエトリグモを見つめると、見つめ返してくることもありますし、またパソコン画面のカーソルを、獲物と勘違いして追跡する姿なども見られます。**なお、ハエトリグモ（蠅《はえ》捕り蜘蛛《ぐも》）という名前ではありますが、とくにハエだけを食べるわけではなく、基本的に動いている小さな虫はなんでも食べます。他のグループのクモを襲う姿もしばしば見られ、見た目に反して獰猛《どうもう》な性格をしています。

ハエトリグモの大きな特徴として、オスの姿や眼が非常に美しい色彩を示す点が挙げられます。ハエトリグモは近年、図鑑『ハエトリグモハンドブック』（須黒達巳／文一総合出版）、『世にも美しい瞳　ハエトリグモ』（須黒達巳／ナツメ社）や、絵本の『ハエトリグモ』（池田博明・秋山あゆ子／福音館書店）、さらにテレビのバラエティー番組などで美しい種・かわいい種が紹介されたこともあって、クモとしては例外的に世間での人気や認知度が急速に高まってきています。※2

※2／正面からマクロレンズのカメラで撮影すると、丸い眼が四つ並んで見え、レトロな車のフロントライトのようでかわいらしい。

見た目のかわいさ、美しさだけでなく、行動までコミカルでかわいいハエトリグモ、まさにクモのかわいさを凝縮したような、アイドル的な存在といえるでしょう。※3

草原の王者・コガネグモ

コガネグモ（*Argiope amoena*）は、クモに関心がない人でも名前くらい聞いたことがあるのではないでしょうか。派手で、大きなクモということでよくジョロウグモともまちがわれるクモです。お腹に黄色と黒の特徴的なストライプ模様を持ちます。主に草地、丈の高い植物の間に大きな網を張ります。

このクモも、昔から馴染みの深い生き物でしたが、近年は草地や空き地が減り、都市部やその近辺で見かけることは少なくなってきました。環境省の県別レッドデータリストにおいても、7都府県で、準絶滅危惧種に、千葉県では絶滅危惧Ⅱ類、そして埼玉県で絶滅危惧Ⅰ類として登録されています。私の実家の北九州でも昔は庭に見られることがありましたが、空き地が駐車場になっていき、最近ではほとん

※3／オスがメスに踊る求愛ダンスもかわいい。千葉県の房総半島や神奈川県では、ネコハエトリを対決させる遊びが知られている。

ど見られなくなりました。※4

夜の帝王・オニグモ

昼間何もなかった空間に、夜中、突如大きな網が出現するという現象に出会ったことはないでしょうか？　それはきっとオニグモ（*Araneus ventricosus*）というクモの仕業でしょう。夜行性のクモの代表格で、非常に体格ががっしりとした王者の風格が漂うクモです。自然豊かな環境だけでなく、都市公園の人工物などでも見られます。このクモが織りなす網の粘着性はとても強く、昔、日本各地の子どもたちは**この網を針金の環にからめとり、セミとりに使っていた**そうです。

オニグモという名前ですが、地域によってはイエグモ、ヤマグモ、ヌストコブなど様々な呼び方があったようで、いかに身近な生き物であったかが、よく分かります。ところで何もない空間にどうしてクモが網を張ることができるのか、疑問に思ったことはありませんか？　**はじめの一本目の糸はどうやって渡すのでしょうか？**

※4／ネコハエトリ同様、コガネグモにも互いに闘わせて遊ぶ文化があり、こちらは鹿児島県や高知県などで盛ん。

じつははじめの糸はクモの腹部の先端にある糸疣《しゆう》から糸を垂らし、それを風に流すのです。流した糸の先端が壁や樹木などにくっつくと、そこに「糸の橋」ができます。その橋を足がかりとして、頑丈なフレーム（枠）をつくり、その中に放射状の糸と、捕獲用のらせんの糸を紡いでいくのです。

地中に暮らすジグモ

子どもの頃、学校の校庭の植え込みや樹木の根、神社の塀などで、茶色い袋状のものを見かけたことはありませんか？　これはジグモ（*Atypus karschi*）と呼ばれるクモの巣です。ジグモ[※5]は地中に生息する原始的なクモの仲間で、本種が作る茶色の袋状の巣は、下半分が地中に埋まっており、上半分はコンクリート壁や樹木にくっついているのです。ジグモはこの袋に触れた地表徘徊性の昆虫やダンゴムシなどを捕らえて生活しています。このジグモの巣をうまく引き抜く遊びも各地で見られ、

※5／地味ながら、筆者が好きなクモ。がっしりした体つき。

それにまつわる「わらべ唄」も存在するようです。

また、地方名も多く、ツチグモ、ハラキリグモ、トノサマグモ、ゲンジグモなどと呼ばれることもあります。それだけ昔から子どもたちに馴染みのあるクモだったということでしょう。**ちなみにハラキリグモという名前ですが、ジグモは穴を掘るための大きなあごと牙が発達しているため、人の手で腰をむりやり曲げると、自分の牙で腹を切ってしまうことに由来するようです。**昔はこうした残酷な遊びも流行っていたのですね。

ここまで紹介したクモの中に、一度はどこかで見たことがある、名前を聞いたことがあるクモがいたのではないでしょうか？　第2節以降では、もっと踏み込んでクモの不思議さ、おもしろさを紹介していきたいと思います。

2 オスとメスの不思議

圧倒的なサイズ差はなぜ生まれたのか

私たち人間は男性と女性で見た目や体格が大きく違います。これは人間に限った話ではなく、多くの生き物にあてはまります。たとえば、カブトムシでは、オスには立派な角がありますが、メスには角がありません。体の大きさもオスのほうがメスよりも概して大きいです。またクジャクでは、オスは綺麗な飾り羽をつけていますが、メスは飾りを持たず、とても見た目が地味です。

さて、この本の主役であるクモたちはどうでしょうか？

じつは**クモは、オスとメスの違いが大きい生き物として有名**です。なかには別種ではないかと疑われるほど、オスとメスとで見た目が異なる種もいます。では、どうしてこのような違いが見られるのでしょうか？

大きくなりたいメス・小さくなりたいオス

クモではオスがメスに比べて小さいというパターンがよく見られます。たとえば、世界最大級の大きさを誇る造網性クモ、オオジョロウグモ（*Nephila pilipes*）では、メスの体長が50㎜にも達するのにたいして、オスはわずか6㎜程度です。**極端なペアでは、オス・メスの体重はオスの体重の数十倍から百倍以上にも達します。これは、オスが人間大の大きさだと仮定すると、メスはなんとゾウくらいの大きさになるのです。**オオジョロウグモは極端な例ですが、コガネグモ属（*Argiope*）やトリノフンダマシ属（*Cyrtarachne*）の仲間など、網を張るクモでも同様に、オスとメスとで著しい体格差が見られます。なぜこのような違いが生じるのでしょうか？

一つの理由として、メスとオスとでは体を大きくすることによる生存上のメリットが異なると考えられているからです。たとえば、クモは餌を食べた分だけ大きなサイズで成熟でき、メスの場合はそれだけ多くの卵を産むことができます。そのため、**メスにとって体を大きくすることは、子孫を残すうえで有利**引用文献[1]なのです。

　では、オスはどうでしょうか？　オスは自ら卵を産むことができないので、体を大きくしても残せる子孫の数が多くなるとは限りません。**オスの場合、体が大きいことは、恋敵となる同性との争いを通じて配偶相手を獲得するうえで有利**だと考えられます。たとえば、カブトムシやクワガタムシでは、体が大きく、強靭な角やあごを持つオスほど、メスをめぐるオス同士の闘いに有利です[2]。ところが、網を張るクモの場合はそうではありません。オスは成熟すると交尾のためにメスを探して徘徊するのですが、その最中に天敵に食べられたり、不慮の事故によって死亡することが多いようです[3]。そう、網を離れたクモはとても弱い存在なのです。そのため、メスの数にたいしてオスの数は少なく、結果的にメスをめぐるオス同士の争いはあまり起こらないと考えられています。そのため、オスはメスに比べて体を大きくするメリットがそれほどなくなります。むしろオスは小さくなったほうが早く成熟するため、幼体期の死亡率が下がり、有利になると考えられます。

引用文献について／各数字は巻末の「引用文献」と対応している。

このように、メスが大きくなった説とオスが小さくなった説の二つが考えられるわけですが、この可能性は種の系統関係からも検討されています。その研究例として、コガネグモ科やアシナガグモ科に属する造網性クモの系統的な関係を遺伝子によって明らかにし、その上に雌雄のサイズのパターンを重ねることで、どのようにオスとメスの体の大きさが進化したのかを明らかにした研究があります。解析の結果、**オスの体の大きさは祖先種とほとんど変わっていなかったのにたいして、メスの体の大きさは祖先種と比べて大きくなる方向に進化してきた**ことが分かりました。[4]これは、「オスが小さくなった」という説明とは対立するものです。

また、より多くのクモのグループを対象に、オスとメスの体の大きさの違いと、クモが利用できる潜在的な餌の量を調べた研究によると、多くの餌を利用できるグループほど、メスの体の大きさが顕著に大きくなっており、オスとの体格差がだんだんと広がっていることも分かりました。[5]つまり、餌をたくさん食べられるクモのグループでは、メスがどんどん体を大きくする方向に進化し、その結果、体サイズを大きくする必要のないオスとの間に著しい体格差が生じたのだと考えられます。※1

※1／成熟したオスはメスに比べて相対的に脚が長いという違いも見られる。これは高い歩行能力と関係しており、メスを探すために長距離移動するさいに役立つのではないかと考えられている。[7]

小さくなったオス

すでに述べたように、造網性クモにおいて、オスが小さくなった説・メスが大きくなった説、どちらも支持する事例や対立する事例があり、ながらくはっきりした結論は出ませんでした。そんななか、新たに考えられた仮説が、**「小さなオスは俊敏に動けるため、メスと交尾する上で有利ではないか」と提唱する「重力仮説(Gravity Hypothesis)」**です。

じつは造網性クモでは、オスがメスに交尾をするさいに、メスがオスを襲って食べることが知られています。これには、オスがメスに食われているあいだにできるだけ精子を多く受け渡すという父性を確保するための、適応的な解釈も考えられています[6]。しかし、**交配に至る前にオスが食べられるケースも多い**ため、オスにとって(食われる)メリットはほとんどないとも考えられています。メスは高い位置に網を張っており、オスはメスと交尾するさいに、重力に逆らって高い位置まで移動しなければなりません。そのような状況において、**オスはメスからの攻撃をかわす**

ため、俊敏に動ける小さな体に進化させたのではないか……、と考えたのです。実際、様々な体長のクモの歩行速度を計測し、その関係性をもとに、理論上最もすばやく動ける体のサイズを算出しました。その結果、その予想された最適な体の大きさと実際のオスの体の大きさがよく一致したそうです。[8] 仮にこの重力仮説が正しいとすれば、オスはメスとは反対に積極的に体を小さくすることで、俊敏な動きが可能となり、メスから食べられる危険性が減るというメリットがあると考えられるのです。※2 ただし、この仮説がジョロウグモモドキの仲間では当てはまらないことが、最近の研究で示されています。[10]

このようにオスとメスのサイズの違いをもたらす仕組みというのはグループによっても違う可能性もあり、ひと筋縄ではいかない問題のようです。

派手なオス・地味なメス

オスとメスの体格差が激しいのは、主に造網性のクモです。徘徊性のクモは、じ

※2／オス自らがメスの栄養になって自分の子供（卵）の成長を助ける……という説もあるが、クモではあまり証拠が得られていない。[9]

つはそれほどオスとメスとで体格差はありません。しかし、見た目に関しては大きく違うものがいます。その代表格がハエトリグモの仲間です。ハエトリグモのオスはとてもカラフルで美しいものが多いですが、メスは地味な色のものが多いのです。たとえば、ヤハズハエトリという種はオスとメスの模様が全然違うため、まったく異なる種のクモだと思ってしまう人のほうが多いと思います。

これはクジャクなどの鳥類でも知られるように、華美なオスほどメスにもてやすいことが関係しているのかもしれません。この形態や行動の特徴に由来する配偶成功の違い、**ひらたくいえば、「モテ度」の違いは性選択と呼ばれています。**では、華美なオスを選ぶと、メスにどのようなメリットがあるのでしょうか？　メスの選り好みが進化した理由については様々な仮説が提唱されていますが、その一つに、華美な装飾や模様はオスの優れた遺伝的な性質を表すバロメーターになっているという説があり、メスはこれを手掛かりによいパートナーを選んでいると推測されています。[※3]

ハエトリグモのオス・メスの見た目の違いが発達しているのは、とても優れた視

※3／メスの選好性の進化仮説・モデルについては文献［11］に詳しく解説されている。

力と色覚を持つことが関係しているようです。またハエトリグモほどではありませんが、他の徘徊性のクモでも、同じような雌雄の違いが見られます。たとえばコモリグモではオスは脚に目立つ装飾物を付けており、メスに求愛を行うさいに、それを振りかざして誇示します。※4[12]

ミズグモの尽きない謎

最後に、ミズグモというちょっと特殊なオス・メスの違いの例を紹介します。本種は他のクモと違ってオスのほうがメスよりも大きいという珍しいパターンを示します。このクモは一生を水中で過ごすという、クモの中でも極めて珍しい生活をしており、普段は水草の間に糸で綴った空気室を作り、その中で過ごしています。

さて、ミズグモはなぜオスがメスより大きいのでしょうか？　オスは成熟すると、水の中を泳いでメスの居場所を探さなければならないわけですが、この遊泳能力は体の大きさと密接に関係しており、体が大きいほうが遊泳能力も高くなるようです。

※4／やはりコモリグモもそれなりに発達した視力を持つことが知られている。逆に夜行性のクモ、視力の発達していないクモのグループでは、オス・メスの見た目にあまり大きな差がないものが多い。

一方、メスは棲《す》み場所・産卵場所・空気室を作らなければならない[※5]のですが、体が大きくなりすぎると、その分、大きな巣を作る必要があり、労力（コスト）が大きくなるので、それによって体の大きさの上限が規定されているようです。つまり水中という特殊な環境が雌雄の体格差と密接に関係しており、**オスは遊泳能力を高めるほうに、メスは最適な巣のサイズを保つ方向に自然選択が働いた結果、通常のクモとは逆転した体のサイズになった**のだと考えられます[13]。

以上、クモのオスとメスは見た目が大きく違っており、その度合いや方向性も種やグループによって様々だということがお分かりいただけたかと思います。ここでは紹介しきれないのですが、徘徊性クモのオス・メスの違いはもっと多様です。たとえば、カニグモ科のクモではオスがメスよりも小さい種が多く、アズチグモの仲間においては見た目も大きさも著しく異なり、まるで別種のようです。これらのクモは網を張らないので、先に説明した「重力仮説」ではオスの小さくなる現象を説明することはできません。身近なクモでもまだまだ多くの謎が残されているといえるでしょう。

※5／ミズグモは水中に巣を作る。詳細は「第10節 水辺に生きるクモ」を参照。

3 交尾を巡る攻防

オスとメスの命をかけた駆け引き

「夫婦」といえば、仲睦まじいイメージがあります。しかし、進化生態学の観点からはオスとメスとでは思惑が異なっており、自分の子孫を多く残すうえで利害が一致しておらず、両者に確執や対立がしばしば生じます。たとえば、生き物では一夫一妻ではなく、オス・メスそれぞれが多くのパートナーと番《つが》うことがあります。オスは多くのパートナーを持つことでたくさんの子どもを残すことができますが、一方、メスは生涯に残せる子どもの数はパートナーの数では決まらず、むしろ自身の体のコンディションで決まっています。ここに大きな溝が生じます。この交尾回数をめぐる利害の不一致は専門用語で**「性的対立」**と呼ばれています[1]。そのため、互いに利益を高めるために、たとえば、オスは強引にメスと交尾するような行動や形態が発達していたり、メス側がそれを拒否もしくは抵抗するような対抗策を持つなど、他性[※1]の行動を操作する行動が見られます。

また対立関係は、メスとオスとの関係だけにあるものではありません。オスにとっては、他のオスは重要な恋敵になりえます。そのため、オスは相手の交尾や受精を妨げるような行動や形態が進化しています。こうしたオス同士の闘いは「オス間競争」（交尾後の競争は「精子競争」）と呼ばれており、クモでも普遍的に見られ、多くの興味深い現象が分かってきました。ここでは、クモにおける交尾を巡る熾烈なバトルを見てみましょう。

メスの生殖器を塞ぐオス

種類によりますが、クモのメスは複数のオスと交尾することがあります。そのため、オスは交尾したからといって、１００％自分の子孫が残せるわけではありませ

※1／オスにとってはメス、メスにとってはオス。

ん。これはメスの受精嚢※2の形にも大きく依存します。たとえば、受精嚢にたまった精子が受精嚢の先に付いた管を通って卵子に到達するタイプでは、先に交尾をした精子が優先的に使われます。一方、袋小路型の受精嚢というものもあり、これは一旦袋に精子がためられて、その後、元来た道を精子が戻されて卵子に到達するわけですが、この場合は後から交尾したオスのほうが優先的に（受精に）使われたり、あるいは袋の中で精子が均等に混ざった状態で卵子に到達したりということも考えられます[2]。つまり、オスは自分の子孫を残すうえでライバルオスの存在は極めて厄介だということです。かといってすべてのライバルオスを排除することは不可能です。一つの手段として考えられるのは、**交尾したメスの生殖器を塞《ふさ》いでしまう**ことです。クモの交尾様式を改めて説明すると、オスには触肢の先端に精子をため込むスポイドのような構造（栓子）を持っており、その栓子をメスの腹部に開いている生殖孔に差し込み、精子を流し込むことで、交尾が成立します※3。なので、この交尾孔を塞いでしまえば物理的に他のオスは交尾ができなくなるわけです。

　メスの交尾孔を塞ぐクモは様々な分類群で見られます。この塞ぎ方には二つのタ

※2／オスの生殖器官から受け取った精子を、受精のときまで貯蔵しておく袋状の器管。

※3／ちなみにクモの交尾時間は、グループや種によってかなり違いがある。たとえば、コガネグモ科のクモでは数秒で終わるものがある一方[3]、サラグモ科のクモでは数時間かかるものがある。

イプがあります。一つは液体のような物質です。オスは精子注入後に、触肢にある分泌腺からこの物質を流し込みます。時間がたつとこの液状物質は固まり、メスの交尾孔は塞がれてしまいます。このタイプの交尾腺はタナグモ科（Agelenidae）・ヒメグモ科（Theridiidae）・サラグモ科（Linyphiidae）に見られます。

もう一つのタイプは、オスの触肢のパーツが一部外れてそれがメスの交尾孔を塞ぐタイプのものです。これはコガネグモ科（Araneidae）やヒメグモ科（Theridiidae）のクモで見られます。[4] これらの交尾腺の役割はすべてのクモで調べられているわけではありませんが、桝元敏也博士が行《おこな》ったクサグモの研究例によると、完全に交尾孔が塞がれたメスは、後からのオスは交尾ができないことが分かっています。[5]

メスの交尾器を破壊するクモ

ここまで、メスの交尾孔を塞ぐことでオスが他のオスの交尾を妨げる方法を紹介してきましたが、**さらに過激な行動が見られます。それはオスがメスの交尾器を破**

壊してしまう行動です。メスの交尾器には交尾孔だけでなく、オスの触肢を固定するためのかたい突起のようなもの（垂体）が付いています。近年、コガネグモ科のコガネグモダマシ属（*Larinia*）やゴミグモ属（*Cyclosa*）の仲間ではオスが交尾後にこのメスの垂体を破壊し、後のオスが交尾できないようにすることが分かりました。

この垂体を破壊する仕組みですが、**オスの触肢にはナイフのような構造が備わっており**、この部分で根元から切り落とすようです。[6] 動物行動学者の中田兼介博士（京都女子大学）がギンメッキゴミグモ（*Cyclosa argenteoalba*）を対象に調べてみたところ、後のオスが交尾できないこと、そしてオス自身が能動的に切り離していることが行動実験により分かったわけです。[7] じつはこのメスの垂体がオスとの交尾後になくなる現象自体は古くから知られていたのですが、どのような意義があるかは最近までまったく分かっていませんでした。身近なクモでも、まだまだ分かっていない現象が多く残されているのです。

興味深いことに、ゴミグモ種間では、種によってこの垂体を切り離す行動が見られたり、見られなかったりします。交尾器が切り離されるかどうかは、オスの切り離す能力だけでなく、メスの思惑にも大きく依存すると考えられます（メスもオスの都合のみによって交配できるパートナーの数を決められたら、たまったものではありません）。ここにはさらなるメスとオスの攻防が関わっている可能性があり、今後の進展が楽しみなテーマです。

他のオスの精子を掻き出すオス

他のオスとの競争に勝つために、メスの生殖器を塞いだり、破壊するという方法を紹介しましたが、先に交尾したオスの精子を除去するという手段もあります。

ユウレイグモの仲間（Pholcidae）のイエユウレイグモ（*Pholcus phalangioides*）という種は、後から交尾を試みたオスが生殖器のパーツを使って、先に交尾したオスの精子をメスの受精嚢から掻き出すことが示唆されています[8]。具体的には、**オスは、すでに交尾済みのメスとの交尾の最中に交尾器を細かく動かすのですが、この動かす回数が多いほど、そのオスの精子が使われる率（すなわち受精率）が高まること**

が、室内の交尾実験で明らかにされています。このような精子の掻き出し行動はトンボの仲間で有名でしたが、クモでも行われるとは驚きです。オスの交尾器はどのクモも比較的複雑な構造をしていますが[※4]、もしかしたら他のクモでも同じような機能を持っているのかもしれません。

無駄な交尾相手を排除するメス

最初に述べたようにオスとメスとでは、自分の子孫を多く残すうえでの戦略は違います。オスは多くのメスと番《つが》うことで、子孫を多く残せますが、メスはある程度のオスと交尾すれば（子孫を残すうえで）十分です。**むしろ過剰な交尾回数は時間の無駄ですし、天敵に狙われるリスクも高まります。そのため、オスは積極的に交尾を求めますが、メスは交尾を嫌がる傾向があります。**[※5]

私たちは、このような現象をアシナガグモ属のクモ（*Tetragnatha*）で発見しました。**アシナガグモ属の仲間は、オスとメスが互いに上顎《うわあご》を咬《か》み合わせた姿勢で交尾**

※4／クモは種によって交尾器の形が異なるため、正確な同定は交尾器を確認して行う。

※5／たとえば、ゲンゴロウやアメンボには、オスは強引にメスと交尾を行うための形質が見られ、メスはこれに対抗する形質を進化させている。[9][10]

するというユニークな交尾姿勢をとります。アシナガグモ属のクモの場合、上顎が他のクモではありえないほど長く発達しているのですが、じつは種によって上顎の発達具合が違っており、オスだけ長い種もいれば、雌雄どちらもあごが長い種も存在します。

私はこの長さの違いが交尾にどのような意味を持つのかが気になっていました。オスの長い上顎はまるで交尾器における把握器のようであり、大きなあごはメスをがっちりつかんで離さないように見えます。また、ときにオスは、メスのあごだけでなく、歩脚まで抱え込んで交尾をしているシーンすら見られます。なので、私はこのアシナガグモ属の大きな上顎は、**「オス側にとってメスと強引に交尾するための機能を備えており、一方、メスの大きな上顎はこの強引な交尾に逆らうためのなんらかの対抗進化なのではないか」**と考えました。

この仮説を検証するために、アシナガグモ（*T.praedonia*）という「オスもメスもどちらも上顎が長く発達した種」を対象に、室内で交尾実験をしてみました。どういう実験かというと、**上顎の長さの大小が微妙に異なる雌雄ペアを作り、それによ**

って交尾の結末がどのように変わるのかを小さなケージで調べたのです。その結果、予想以上のことが起こりました。まず、オスの上顎がメスの上顎よりも大きいペアにおいては、普通に上顎を咬み合わせた交尾が行われました。ところが、逆に**メスの上顎がオスの上顎よりも大きいペアでは、なんと交尾が始まる前に、ほぼすべてのオスがメスの牙に頭を貫かれて殺される**ことが分かったのです[11]。

これはいったいどう解釈すればよいのでしょうか？

私は、メスはこの長く強靭な上顎を用いてオスを殺すことによって、余分なオスとの交尾を回避しているのではないかと考えています。実際、アシナガグモの生息地における密度は非常に高く、メスは交尾シーズンに多くのオスから交尾のアプローチを迫られます。卵を受精させるだけであれば、ある程度数匹のオスと交尾を行えば十分なわけですから、たくさんのオスとの交尾は無駄です。さらにオスのほうがメスよりも上顎が長いペアにおいては、逆にオスの長い牙がメスの頭に刺さって死ぬケースも見られます。**そのため、メスはこのオスとの強引かつリスクの高い交尾を防ぐべく、発達した上顎に進化させ、オスを返り討ちにしている**のではないかと解釈しています。

種によってオス・メスの上顎のサイズが違うのは、おそらくこうした利害の不一致の度合いが種ごとに違うからではないかと推測しています。たとえば、イリオモテアシナガグモ（*T. iriomotensis*）はオス・メスとも上顎が小さいのですが、これらの種は生息密度がそれほど高くないことから、もしかして、オスとメスとの遭遇頻度が低く、それほどメスにとっての交尾の負担（コスト）が大きくないのかもしれません。このアシナガグモ属における上顎の進化に関しては、野外の生態が分かっておらず、まだ未解明な点が多いのですが、メスがオスの死をもって無駄な交尾を拒否するという例は、多様な節足動物※6ではあまり知られていない現象であり、性的な対立をひも解くうえで非常におもしろい題材なのではないかと考えています。

この節では、クモにおける熾烈なオス同士の闘い、そしてメスとの激しい恋の駆け引きを見てきました。※7 クモの求愛行動の研究の歴史はそれなりに長いにも関わらず、最近発見された現象も多いことから、クモの交尾行動の多様性を考えるとまだまだおもしろい事象がたくさん見つかるのではないかと期待しています。

※6／昆虫類・甲殻類・クモ類・ムカデ類など。体に複数の節がある。

※7／クモの交尾行動の研究は、メスの配偶者選択・メスによる隠された選択（Cryptic female choice）も含め、多くの研究がなされているが、ほとんど紹介しきれなかった。詳しい解説としては3節の文献［2］を参照。また動物の交尾行動全般については文献［12］が詳しい。

4 クモの求愛行動

愛のダンス、あるいは糸電話

人間の世界では、結婚の意思を相手に伝えるプロポーズが知られています。じつはクモの世界でも、このプロポーズが見られます。オスは様々な方法で自分をアピールし、メスはそれをもとに相手としてふさわしいか判断するのです。

求愛の方法はじつに様々ですが、とくに興味深いのがダンスを踊る行動です。ハエトリグモではオスが踊ってメスに自分をアピールするのです。ここではクモの求愛行動を紹介します。

ハエトリグモのダンス

すべてのハエトリグモ類のオスはメスとの交尾を申し込むさいにダンスを行いますが、このダンスの仕方はクモの種によって異なります。基本的な動作として、オスはメスに気づくとジグザグ歩行をして近づき、第一脚を大きく振り上げ、触肢を震わせ、そしてお腹をぴくぴく動かします。種類によっては、メスはオスのダンスに応じて触肢を動かしたり、オスと同じような動きを行います。このダンスが受け入れられると、オスは一脚を大きく横に開きメスに触れた後、背後に回り、交尾行動を始めます。**一方で、このダンスが受け入れられないと、メスに食べられてしまうこともあります。**

ところでハエトリグモの仲間の多くは、オスがカラフルで派手な体色をしており、一方、メスは地味な体色をしています。これは求愛行動とも深く関連しています。なぜかというと、ハエトリグモは視覚が発達しているため、色や模様がアピールポイントになるのです。つまり、派手なオスほど「モテ度（求愛の成功率）」が高く、結果としてオス・メスでまったく異なる色模様になったと考えられるのです。実際、オスあるいはメスの最も大きな目を黒く塗りつぶしてみると、この求愛行動は起きないらしく、これは求愛行動における視覚の重要性を物語っています。[1]

最も複雑なダンスを踊るのがオーストラリア南部に広く生息するクジャクグモ※1と呼ばれるグループです。体のサイズは2〜6㎜と極めて小さなハエトリグモです。近年、分類学的な研究が進み、2019年現在90種近くの種が記載されています。オスの腹部には「ファン」と呼ばれる特殊な平たい膜のような構造を持ち、お腹を垂直に立てることによって扇のように展開することができるのです。[2] このファンが極めて美しい色模様をしており、そのファンを広げた姿がまるでクジャクのようであることから「クジャクグモ（peacock spider）」と呼ばれています。このファンの模様や形は種によってまったく異なります。このファンを垂直に立てて、第三脚をくるくる回したり、**MCハマーダンスのような**真横にカサカサ移動するなどじつにコミカルで複雑な動きを組み合わせたダンスを踊ります。また同時に地面を叩いて音も出してアピールするのです。つまり、**歌って踊ってメスを口説くというミュ**

※1／*Maratus*属のハエトリグモのことを指す。クジャクハエトリと和訳されることもある。

ージカル仕立ての求愛行動[3]を示すのです。メスはこのダンスの複雑さや歌を基準に、交配相手としてふさわしいかどうかを見極めており、気に入らなければオスを食べてしまうこともあります。また一度交尾したメスはほとんど二度目の交尾を受け入れなくなるそうです。こうしたオスへの厳しい審査が美しい模様の進化の原動力となっていると考えられます。なお、この視覚と音のアピールについては、視覚的なアピールのほうが、よりメスへのアピールポイントとして重要であることが近年の研究で分かってきました。[4]

クジャクグモのような複雑な求愛行動以外にも様々なアピール方法があります。ハエトリグモの一種 *Satis barbipes* はオスの第三脚のみが異常に長くてマッチョで、極めてアンバランスな体型をしています。これを求愛ダンスを踊るさいに大きく振り上げるそうで、やはりメスへのアピールにおいて重要な役割を果たしていると考えられます。[5] また、*Cosmophasis umbratica* という種ではオス・メスの体表面の模様がそれぞれユニークな紫外線※2（ＵＶ）の反射特性を示すことが知られています。この模様がＵＶを反射しないようにＵＶフィルターで光を遮断すると、なんとオスとメ

※2／人間の目には見えないが、虫は一般的に紫外線を視覚している。

スが遭遇しても求愛行動は起こらなくなるそうです。[6] つまり、体色の模様自体も、種を認識したり求愛行動を引き起こすうえで重要な役割を果たしているのです。

コモリグモのダンス

コモリグモもハエトリグモほどではありませんが、視覚が発達している一群です。※3 ハエトリグモと同じように、求愛時にはオスが脚や触肢を振り上げてダンスを踊ります。たとえば、ハリゲコモリグモの仲間（*Pardosa* spp.）やアメリカコモリグモの仲間（*Schizocosa*）は第1脚に毛の房がついていますが、この毛の房はメスにたいする視覚的なアピールに一役買っているそうです。[7] **また触肢も手旗信号のように振り上げたりしてとてもコミカルです。また種類によっては枯れ葉をドラムのように叩いて音を出すものもいます。**コモリグモでダンスを踊るのは主に昼間に活動する種に限られていることから、おそらく明るい環境では視覚的なアピールがオスの求愛にとってより重要になるのでしょう。

※3／徘徊性のクモに視覚が発達しているものが多い。

ちなみにハリゲコモリグモの仲間は現在日本から8種ほどが知られていますが、メスは近縁種間で体の色や、生殖器の形がものすごく似ているので、昔は同じ種類として扱われていました。ところがオスを調べてみると脚の模様やダンスの仕方が種によって異なっており、さらに生息地も微妙に違うことが分かったのです。実験的にこの模様の異なるオスと、それと生息地が対応するメスとの組み合わせを変えて求愛行動を調べたところ、**模様の異なるオスはどのメスにも求愛ダンスを踊るのですが、メス側は生息地が同じタイプのオス（つまり同種）の求愛ダンスしか受け入れない**ことが分かり、このことから別種であることが判明したという経緯があります。[8] つまり、ダンスの違いやオスの模様の違いというのは、種を分ける基準となる生殖隔離※4に大きく貢献している可能性が考えられるのです。

その他のクモの求愛行動

アシダカグモやシボグモなどの徘徊性クモは、植物などの基質を振動させてメス

※4／グループ間で交配できない状況。

に求愛シグナルを送ります。メスはこのシグナルをもとに、オスの存在を認識するようです。[9][10] つまり、**夜や洞窟内などの光がない環境で活動する種では、視覚よりもむしろ振動や触覚が、より求愛において重要な役割を果たしている**のかもしれません。また、造網性クモも視覚が発達しておらず、網を伝わる振動が重要な情報になっているため、**オスは糸を引っ張ったり揺らしたりしてメスに求愛シグナルを送ります**。※5

このように一概にクモといえども、どんな環境に棲んでいるか、どんな感覚器官に頼っているかによって、その求愛行動の様式はまったく違ってくるのです。様々なクモの求愛行動を見ていると、生き様の違いも分かり、じつにおもしろいです。

なぜオスは踊るのか？

ここまで読んでくれたみなさんには、なぜオスは踊るのか？　なぜメスはそれを評価するのか？　という根本の部分について疑問が浮かんだ方も多いかと思います。

※5／コガネグモ科の仲間ではオスはメスに食べられるリスクも高いため、この求愛シグナル自体を送らずに、すばやく、メスに気づかれないように交尾するものもいる。

こうした行動はクモに限らず、鳥や昆虫など様々な動物でも見られ、多くの学者の頭を悩ませてきました。行動生態学的な観点から、様々な説が提唱されてきましたが、一つは、求愛行動がオスの質を示している説が考えられます。

つまり、メスは踊りの複雑さを見て、オスの質の高さを見極めているという可能性です。人間でたとえると、婚約指輪が高ければ高いほど、その人は資産的に余裕・余力があると判断できる、といった感じです。では、なぜメスが慎重かというと、メスは卵を産んだり、その保護などに大きなコストがかかるわけで、そのようなコストがないオスに比べて、より相手の質が重要になり、より慎重な態度をとるわけです。なぜここまで複雑かつ多様になったかというと、それはクモの世界に限らず、まだまだ謎が多い部分です。ここで紹介したように、クモは一つのグループにも関わらず、種や科によって求愛行動はじつに多様であり、生物におけるオスとメスの求愛行動を調べる材料としてとても魅力的なのです。

5 あの体色の意義

異様で多様な色と模様には理由がある

クモの図鑑を覗いてみてください。種によって色模様は多種多様です。なぜ種によって違うのでしょうか？　どのような意味があるのでしょうか？　たとえば「擬態[※1]」という言葉をご存じかと思いますが、生き物の見た目は、獲物を騙し討ちしたり、あるいは天敵[※2]の目をあざむき身を守るうえで重要な要素です。この餌捕獲と防衛のバランス、そして、環境によってクモがどのように見えるかで、体の色は決まっていると考えられます。また一部の視覚の発達したクモでは、餌捕獲や防衛のためだけではなく、パートナーにモテるかどうかについても、見た目が重要な役割を果たします。ここでは主に前者の、餌捕獲や天敵からの防御に注目して、体の色や

※1／動物が、植物や他の動物に姿を似せること。

※2／天敵についての詳細は、「第16節　クモの天敵たち」を参照。

模様が果たす役割について紹介します。クモが体色を用いてじつに巧みに獲物や天敵をあざむいていることがお分かりいただけるでしょう。

花のように美しい姿

アズチグモの仲間（*Thomisus*）はカニグモ科のクモであり、人間の目からは花のような美しい色をしており、しばしば花の上で待ち伏せ、花を訪れるチョウやハチなどの昆虫を狙っています。それにしても、こんなに堂々と花の上で待ち構えているのに、なぜ虫に気づかれないのでしょうか？

カギとなるのは、**昆虫と人間の視覚の違い**です。昆虫と私たち人間では、見えている光の波長が違っており、昆虫には人間の目では見えないような波長の低い光（すなわち紫外線など）も見ることができます。ですので、紫外線を通すフィルターを使って写真撮影すると、昆虫の眼からクモがどのように見えているかが分かります。実際、オーストラリアに分布するアズチグモの体色の反射特性を調べた研究によると、なんとクモの体は虫にとってすごく目立つことが分かったのです。※3 これは花の蜜標、すなわち蜜があることを昆虫に示するし（花は、昆虫の眼に見える紫外線を反射する部分と吸収する部分を持つことによって、訪花性昆虫を花粉に誘導するための模様をつくる）のように見えることから、**クモの体は花の蜜標にまちがえられることによって、餌となる昆虫がおびき寄せられる**のです。[1]

アズチグモの餌捕獲戦略はこれだけにとどまりません。今度は捕食者である鳥の視点に立ってみると、なんとアズチグモの体は花の色と同化して目立たなくなるのです。これは、鳥が比較的波長の長い光が見えるなど、昆虫とは異なる視覚を持つことに起因します。[2] つまり、**アズチグモの体色は餌生物に対しては誘引機能を、天敵に対しては隠蔽機能を発揮するという、攻守において万能な色**であることが分かったのです。一粒で二度おいしい戦略といえるでしょう。※4 このアズチグモの仲間は世界中に分布するのですが、地域によって体色の反射特性が異なるようです。たとえば、ヨーロッパに生息するアズチグモの仲間は他の地域のアズチグモと見た目は似ていますが、虫に見える紫外線光を反射しないようなのです。[4] ターゲットとする

※3／この研究で使われたアズチグモは *Thomisus spectabilis* という南アジアからオーストラリアにかけて分布する種である。日本には同属のクモであるアズチグモ、アマミアズチグモ、オキナワアズチグモの3種が知られている。

※4／同様の機能を持つ体色が、ごく最近、ケワイグモ（*Herenia*）という造網性のクモでも明らかにされている。[3]

餌生物が異なるなど、地域の生物相の違いを反映しているのかもしれません。

餌を呼ぶストライプ柄

花の上で待ち伏せるクモに注目しましたが、網を張るクモの仲間も意外と派手な色模様を持つものが多いです。とくに昼間に網を張るクモで顕著です。これらのクモも体色の銀色の部分は紫外線などの短波長の光を強く反射しており、餌をおびき寄せていることが明らかにされています。一方、クモが獲物からどう見えるのかは、クモの色だけでなく環境や餌のタイプによっても変わります。コガネグモ科のゴミグモ属の仲間、ギンメッキゴミグモ（*Cyclosa argenteoalba*）は同じ種の中で腹部が銀色に光るタイプと全身が真っ黒なタイプの二つの変異が知られています。ここまで読んだ人は銀色のほうが紫外線を反射するので、餌を多く誘引している……と思われるでしょうが、じつはこの体色の違う個体間でショウジョウバエがどちらのタイプのクモに誘引されるかを調べた研究によると、予想に反して全身真っ黒なタイプの個体の方が、銀色タイプの個体よりも網に餌が多くかかるという結果が得られたようです。これは**ショウジョウバエが空中にある点状のものを避けるという性質によるもので、目立つタイプのほうがむしろエサに避けられやすい**からだそうです。[5]

オオジョロウグモも黄色いストライプが入ったいわゆる普通の個体と全身が真っ黒なタイプの個体がいるようです。この場合、黄色い派手な模様をしたタイプの方が黒い個体よりも餌が網にかかる確率が高く、餌誘引の機能があることが分かっています。[6]では、餌捕獲に不利なはずの全身黒いタイプがなぜ維持されているのでしょう。一つの可能性として、黒いタイプの個体は餌捕獲には不利ではある一方、天敵にも目立たないため、天敵に狙われる率が低いのかもしれません。※5

お腹の模様の餌誘引機能

昼行性のクモは派手な模様をしている……と言いましたが、夜行性のクモにおいても体色が餌となるガ類を誘引する機能が示唆されています。たとえば、コゲチャ

※5／つまり、二つの色彩タイプのオオジョロウグモは餌捕獲と防衛に関しては一長一短であり、その結果、異なる色模様の個体が維持されていると解釈される。

オニグモ（*Neoscona punctigera*）の腹部の裏側には黄色い目立つ模様が複数付いているのですが、この部分を消すと網に捕獲される餌の数が少なくなるようです。興味深いことに、個体よって模様の消し方（消す模様の面積は同じにして、消す位置を変える）によっても餌の捕れ方が変わるらしいです。[7] このことはつまり**クモが昆虫を誘引するうえで、模様の面積だけでなく、模様の形も重要であることを意味しているのです。**クモは種ごとに決まった模様などを持っていますが、もしかしたら、特定の餌を呼び寄せるような意味があるのかもしれません。こうした目立つ模様が餌を誘引する例は、オオシロカネグモやスズミグモなどでも明らかにされています。[8]

ハシリグモの脚の白い模様

渓流に棲むアオグロハシリグモ（*Dolomedes raptor*）は、雌雄ともに白いマーカーで塗ったような極めて目立つ模様を第一歩脚に持っています。やはり、これらも昆虫をおびき寄せる機能が示唆されており、このクモを模した模型をバッタに提示すると、白い模様にバッタが寄ってくることが分かっています。[9] このクモは夜行性のクモなのですが光が少ない暗闇であっても、こうしたわずかな光が餌捕獲に役立っているようです。このアオグロハシリグモに近縁であり、より大型のオオハシリグモ（*D.orion*）という種が日本の南西諸島（沖縄や奄美地方）に分布しているのですが、興味深いことに脚の白い模様に地理的な変異が知られています。本種が分布する南西諸島のほとんどの島では白い模様を持つ個体ばかりなのですが、久米島では脚に白い模様を持たない個体が多いのです。[10] 島嶼《とうしょ》では島ごとに餌生物・天敵生物の組成が異なることが多いので、もしかしたら、この脚の模様の変異は、そうした島の生物相の違いを反映しているのかもしれません。

ゴケグモ類の警告色

ゴケグモ類（*Latrodectus*）は毒グモとして有名です。※6 この仲間はお腹に毒々しい赤い砂時計型の色模様を持ちますが、鳥などの天敵にたいして、「自分は毒を持っ

※6／ゴケグモなどの毒グモは、「正しく恐れる」ことが大事。詳しくは、「第24節　毒を持つのは誰か」を参照。

ているから危険だ」という警告色としてのアピールの意味があることが、鳥を用いた捕食実験や系統関係に基づく種間の比較によって明らかになっています[11]。

興味深いことに、**赤と黒のコントラストは昆虫よりもむしろ鳥にたいして目立ち、この色を持つことが鳥から捕食される危険性を著しく減らす**ことが分かりました。また系統推定により、背中の赤い模様はもともとゴケグモ類の祖先的な特徴であり、環境や鳥による捕食圧の違いにより、二次的にこの模様を失った種もいるそうです。毒々しい模様にはそれなりの理由があるということです。

クモの色彩多型の謎

クモの体色がバラエティーに富むことは昔から知られていましたが、その意味が分かってきたのは2000年以降のごく最近のことです。それでもとくによく分かっていないのは、同種内での色の多型、つまり、バリエーションの多さです。**イオウイロハシリグモ（*Dolomedes sulfureus*）などは、別種と見紛うほどの色のバリエ**

ーションがあります。かと思えば、同属の別種であるスジブトハシリグモ（*D. saganus*）などはどの個体も同じような色模様をしています。

なぜ種によってこうも色の変異幅が異なるのでしょうか？　私の妄想では、これらは棲んでいる環境の幅広さが大きく影響しているのではないかと考えています。たとえば、スジブトハシリグモやヘリジロハシリグモ（*D. horishanus*）などの水辺にのみ生息する種は、縦縞模様で統一されていますが、イオウイロハシリグモなどは水辺から林内まで幅広い環境で見られ、茶色いものからストライプ模様を持つものまで様々なものがいます。特定の環境に棲むものはその場所に特有の強い自然選択※7を受けますが、幅広い環境を利用するものは、その中の一つ一つの環境から受ける自然選択の影響が弱まり、その結果、様々な色模様が維持されるのではないかと考えています。これは、ある特定の環境下で、模様の異なる個体の生存率を比較することで検証できるかもしれません（たとえば、水辺では縞模様を持つほうが天敵から食べられる率が少ない……とか）。

なぜ模様が多様なのかは、まだ解決されていない問題が多い研究テーマです。※8

※7／自然的な原因により、ある生物集団に生じた遺伝的変異個体のうち生存に有利なものが生き残ること。

※8／ごく最近、日本人の研究者らによって、種内の色彩の多様性が「分布域の広さ」や「絶滅リスクの高さ」にどのような影響を与えるのかが、昆虫や脊椎動物のデータを基に調べられている。そこでは、色彩に多様性のある種ほど、分布域が広く、絶滅リスクが低いことが示唆されている。[12]

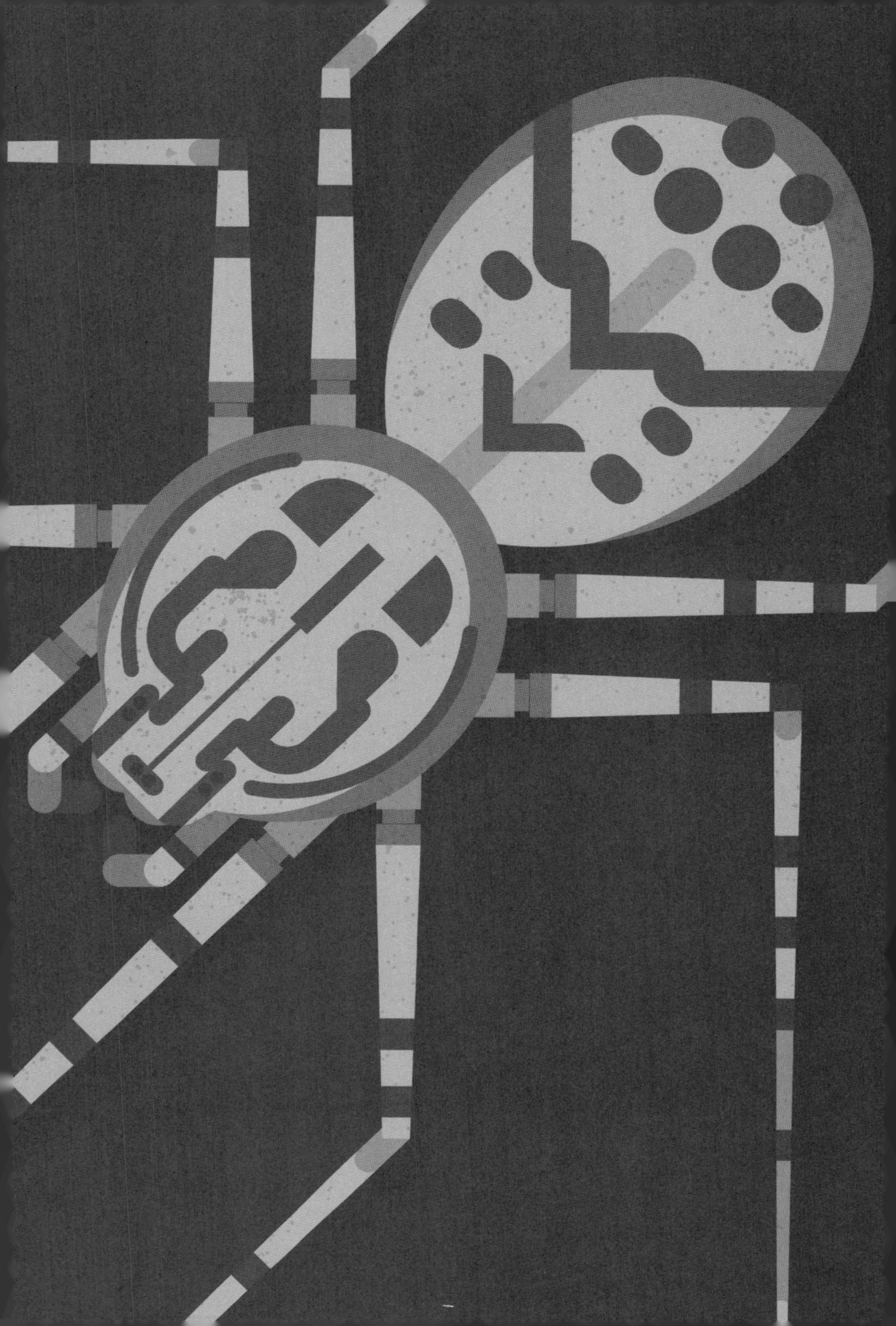

Capter 2

クモの生き方・それぞれの秘技

6 アリの威を借るクモ

なぜアリグモはアリに擬態するのか

アリは、私たちの身のまわりで最もありふれた生き物の一つです。自然豊かな郊外だけでなく街中でも頻繁に見られます。しかし、そんなありふれたアリをよく見てみてください。この多くのアリの中には、ときどきアリに姿形がよく似た「アリグモ」というクモが紛れている可能性があるのです。アリグモとアリの見分け方ですが、実際、手に取ってみると分かります。**地面に落とそうとすると、アリの場合はそのまま地面に落下しますが、アリグモの場合は糸をひいてゆっくりと地面に降りていくのです。**それにしても、なぜこんなアリに似た姿をしているのでしょうか。

ここでは不思議なアリグモの世界を覗いてみましょう。

アリグモの仲間

アリグモは、主にハエトリグモ科のアリグモ属[※1]（*Myrmarachne*）に属する徘徊性のクモで、世界で200以上の種がいます。アリにそっくりのクモということですが、「クモと昆虫では脚の数も違うし、体のつくりも違うから、そんなのすぐに見分けられるじゃないか！」と考える人もいるかもしれません。

しかし、このアリグモのアリの物マネはじつに巧妙です。たとえば、クモの脚は8本、昆虫の脚は6本という違いがありますが、アリグモの場合、一番前の1対の脚をまるでアリの触角のように動かします。なので、アリグモはアリのようにあたかも6本脚で歩行しているかのように見えるのです。また、昆虫とクモでは体の節《ふし》の数も違います。すなわち、昆虫は頭・胸・腹部の3つのパーツに分かれているのにたいして、クモは頭胸部・腹部の2つのパーツにしか分かれていません。ここにもアリグモの巧みな物マネのテクニックが見られます。なんとこの頭胸部にくびれが入っていて、まるで頭と胸のパーツに分かれているように見えるのです。また種

※1／近年、ハエトリグモ科の分類体系の大幅な変更により *Myrmarachne* 属から、複数の異なる属（*Emertonius*, *Myrmapana*, *Toxeus* 等）に分けられている。

類によってはこの頭胸部の側面に白い模様が入っており、実際はくびれていないのにあたかもくびれているかのように見えるのです。

ハエトリグモ科のクモは海外でジャンピングスパイダー（jumping spider）と呼ばれるように、ぴょんぴょん飛び跳ねる行動が特徴的ですが、アリグモの場合、行動もアリに似せた結果、ほとんど飛び跳ねる行動が見られません。つまり、**アリグモは姿形だけでなく、行動までアリを「完コピ」しているの**です。

日本には代表的なアリグモという種に加え、ヤサアリグモ、タイリクアリグモ、ヤガタアリグモ、クワガタアリグモ、ムナビロアリグモの6種が知られています。[1] これらは種によって微妙に生息環境が異なっており、アリグモやヤサアリグモ、ヤガタアリグモは樹上や壁など比較的高い位置に見られるのにたいして、タイリクアリグモやクワガタアリグモなどは地表面に近い場所に生息しています。※2

なぜアリに似るのか？

※2／アリグモ属ではないが、アリガタハエトリグモ属（*Synageles*）という別属のハエトリグモもアリに姿がよく似ている。系統が違うグループで同じようなアリの真似が見られるのは非常に興味深い。

このように、とてもアリに似ているアリグモですが**「なぜアリに似ているのか？」**という根本的な疑問が浮かんできます。**じつはアリという生き物は、他の多くの生き物にとっては非常に危険かつ厄介な生き物なのです。**その理由として、社会性を持ち集団で獲物を襲うこと、さらに一部の種ではギ酸という強烈な毒を持つためです。※3 東南アジアなどの熱帯地域ではアリの多様性も高く、さらにアリの個体数も非常に多いため、**アリは生態系の王者**として君臨しています。そのため、アリを天敵として恐れる生き物も少なくありません。

このようにアリは多くの生物から恐れられているため、アリに外見を似せることは、天敵生物から襲われるリスクを減らすメリットがあると考えられます。[2] この、危険な生物に自分を似せることによって身を守る現象は「ベイツ型擬態」と呼ばれています。※4 ちなみにアリ擬態はクモだけの専売特許ではなく、カメムシやバッタ、コウチュウなど他の分類群でも共通して見られます。実際にアリに似せることによるメリットを示した研究例は少なく、またどの捕食者にたいして進化したのかもはっきりと分かっていませんが、一部のハエトリグモは生まれつきアリを避けること

※3／私たちの身近に人に危害をもたらすアリはいないが、海外には健康被害をもたらす危険なアリが少なくない。近年、日本への侵入が問題になっているヒアリがその好例。

※4／「ベイツ型擬態」にたいして、擬態者自身も危険な生物で、危険な者同士が似せ合って擬態効果を高めるタイプは「ミュラー型擬態」と呼ばれる。アシナガバチやスズメバチなどに共通して見られる黄色と黒の縞模様はその好例である。

が知られています。[5] アリ擬態の効果はまだ研究の余地が多く残されているのです。※5

ちなみにアリグモの仲間においてアリによく似ているのはメス成体と幼体です。オス成体は上顎が発達しており、アリともクモともつかない非常に奇妙な外見をしています。オスの上顎が異様に発達している理由として、オス同士の闘争が関係しており、上顎が大きいオスほど闘争に強いようです。[6] **この中途半端な姿のオスにどのくらい擬態のメリットがあるのか**気になるところです。

アリに似ることのデメリット

アリグモはアリに似ることで天敵から襲われるリスクが減るわけですから、一見、よいことずくめに思えます。しかし、同時に不利益も存在します。たとえば、アリグモはアリに行動を似せた結果、他のハエトリグモのようにうまくジャンプすることができません。ハエトリグモはこの跳躍力を活かして獲物にすばやく飛びつくため、アリグモは餌捕獲能力については、他のハエトリグモより劣ると考えられます。※6[7]

※5／アリグモがアリに姿を似せる要因の一つとして、捕食者である大型のハエトリグモの存在が挙げられる。大型のハエトリグモは他の小さなハエトリグモを獲物として利用することが多いが、アリグモは襲われる確率が低いらしい。[3][4]

※6／この他にも腹部がアリのように細長いために、他のハエトリグモに比べてメスの産卵数が少なくなるというデメリットも示唆されている。

興味深いことに、アリグモ類は他のクモの卵を食べたり、あるいは花粉や花蜜を頻繁に食べるなど特殊な食性を示すことが近年分かってきました。[8] これはすなわち、アリグモは捕獲能力の低下を、他の餌資源で補っていると考えられます。

また、アリに似せたことで別の天敵に狙われるリスクが逆に高まることも指摘されています。自然界にはアリに攻撃される危険性を克服した生き物も数多く存在し、アオオビハエトリやミジングモなどアリを専門に食べるクモなども存在します。※7 そのため、アリに似すぎると今度は逆にアリを専門に食べる捕食者に狙われやすくなることを示した研究さえ知られています。[9] アリグモも種類によってアリ擬態の完成度は異なりますが、おそらくアリに似せることのメリット・デメリットのバランスで決まっていると考えられます。

ちなみに日本の都市部に広く生息するヤガタアリグモは、ヒアリ騒動※8のさい、ヒアリとまちがわれて各地でたくさん駆除されたことがネット界隈で話題になりました。ヤガタアリグモは黒色以外に、派手な模様の個体変異も見られるため、見慣れない危険なアリと勘違いされたのでしょう。**まさかアリに擬態することでこんなと**

※7／詳しくは、「第15節 クモは何を食べるのか」を参照。

※8／強力な毒針を持つ外来性のアリ。2017年6月に兵庫で初めて確認され、愛知県や大阪府などでも見つかっている。

ばっちりを受けるとは……、アリグモ自身、予想だにしなかったことでしょう。

アリグモ研究の最前線

アリグモ属の種は世界から200種以上知られていますが、熱帯地域では非常に多様に種分化しており、いまだに名前のついていない種がたくさんいます。これは熱帯地方では、擬態のモデルとなるアリの多様性が高いこととも大いに関係していると考えられています。現在、熱帯地域を中心に新種の記載が山﨑健史博士（首都大学東京）を中心に精力的に行われています[10]。さらに形態を定量的に評価することで、どのアリグモがどのアリに擬態しているのかを客観的に判定する研究もアリ学者である橋本佳明博士らを中心に進んでいます[7]。また熱帯地域ではハエトリグモ科だけでなく、カニグモ科やハチグモ科など、その他のクモでもアリ擬態が見られるようです。アリグモの研究が進むことで、今後、アリ擬態という現象への理解がどのように深まるのか楽しみです。

7 ガを食うクモ

トリノフンダマシ亜科の不思議な生態

コガネグモ科のグループにトリノフンダマシという変わった名前のクモがいます。名前のとおり、トリノフンダマシ、シロオビトリノフンダマシといった種は見た目が鳥の糞《ふん》にそっくりです。

しかし、種によってその見た目は大きく異なります。なかには**テントウムシやカマキリの顔のような不思議な模様を持つもの**もいます。さらに、このクモは造網性クモのグループ（コガネグモ科）に属するにも関わらず、長らく網を張るシーンが見られなかったため、昔からクモ屋[※1]の注目を集めていました。近年になってユニークな採餌生態、さらに特殊な糸の特性を持つことが分かってきました。

※1／虫愛好家などのあいだで、何を専門としているか表すときに、よく「〇〇屋」という。

ガに狙いを定めた網

トリノフンダマシの仲間は日中、網を張らずにススキや広葉樹の葉裏に身を隠していています。このクモは長いあいだ、網を張らないクモと考えられていましたが、網を張る時間が非常に不規則であったため、網の発見が困難だったそうです。どういうことかというと、**多くのクモは日没後、または明け方など決まった時間に網を張る**ことが知られていますが、※2 このクモの仲間は違います。深夜に網を張ることもあれば、明け方に網を張ることもあるそうです。

そして、トリノフンダマシが作る網構造はとてもユニークです。円網は基本的に放射状に伸びる縦糸とらせん状の横糸からなりますが、糸の本数が少なく、横糸同士の間隔が極めて広いスカスカな網を張るのです。さらに、普通の円網の場合は横糸はらせん状なのですが、このクモの場合、それは同心円状なのです。※3 その後、様々なクモ屋さんの観察により、この特殊な形のクモの網はガ（蛾）を捕まえるための巧妙な罠であることが分かってきたのです。一般的にガは鱗粉を持つため、ク

※2／詳しくは「第18節 昼と夜、どちらのクモが先か」を参照。

※3／このグループの網は完全な同心円ではなく、2〜3本の縦糸との交点には横糸のずれがある。これは、横糸を半分ぐらい張ると、次はまったく別の方向に進んで横糸を張るというふうに、左右別々に横糸が張られるためである。

モの網にかかっても鱗粉だけを残して網を脱出することができます。なので、ガは数の多い生き物ではありますが、じつは網を張るクモにとって利用しにくい餌なのです。ところが、トリノフンダマシの餌を調べた研究によると、その餌メニューのほぼすべてがガだということが分かりました。[1] いったいどうやってガを捕まえているのでしょうか？

その仕組みは網の二つの特徴が関係しています。一つは、横糸の粘着物質が非常に大きく、粘着力が強いということです。普通、クモの横糸に付いている粘着物質（すなわち粘球）は肉眼では観察が難しいほど小さいのですが、トリノフンダマシの場合は、この粘着物質は肉眼で観察できるほど大きいのです。**この巨大な粘球が一度ガに接触すると、すばやくガの体に浸透し、ガは糸から逃げられなくなってしまいます。**

もう一つの大きな特徴は、ガが横糸で捕らえられた瞬間、横糸と縦糸が交差する部分の片側が自然に切れるという構造です。横糸の一方が切れるとどういうことが起こるかというと、**捕らえられたガが宙吊りになる**のです。そのため、ガがいくら翅《はね》をばたつかせても、その反動で逃げることはかなわなくなるのです。この特殊な網構造は英語でLow-Shear joint※4と呼ばれており、まさにガをとるために特化した構造といえます。

湿度によって粘着力が変化する粘糸

普通の円網とは異なる網構造を持つトリノフンダマシですが、それ以外にも様々な違いがあることが分かってきました。たとえば、このクモが紡ぎ出す粘糸は極めて強力であり他の造網性クモとは比較になりません[2]。いったいどうやってガを捕らえるほどの強い粘着力を備えているのでしょう。そのカギとして湿度が大いに関係していることが最近、分かってきました。トリノフンダマシの粘糸は湿度が高くなければ強力な粘着性を発揮しないことが分かったのです。

どういうことかというと、乾燥した状態と、そうでない湿度100%に近い状態でトリノフンダマシの粘糸の粘着力を比較してみた結果、湿度が高い状態では野外

※4／いわば「切れやすい継ぎ目」のこと。

同様、強い粘りを発揮したのですが、乾燥状態ではほとんど粘らないことが分かりました。同様の実験を他のクモでも行いましたが、他のクモでは湿度にはほとんで影響されませんでした。このことはトリノフンダマシの作る粘糸が他の造網性クモのそれとは物性が大きく異なることを意味しています。

この特殊な糸の特性はトリノフンダマシの造網行動とも深く関連しています。最初にトリノフンダマシが網を作る時間は不規則であることを述べましたが、野外調査と、室内実験によって、高い湿度条件（95%以上）でないと網を張らないことが分かりました。[3] これは、高い湿度条件でなければ、糸が粘着性を発揮できないわけですから、理にかなった行動だといえます。**ガへの特殊化によって、網の性質が変わり、さらに網の性質の変化が造網行動にまで影響する**というのはおもしろい現象です。また、湿度が高くなると粘着力を発揮するというのは物理的にもおもしろい性質で、このトリノフンダマシの行動研究を糸口に、糸の細かい特性も分かってきました。たとえば、この**トリノフンダマシの作る粘着物質は、湿度に応じて粘着力が1000倍近く変化する**そうです。またNMR※5を用いた物質の分析によりますと、

※5／Nuclear Magnetic Resonance（核磁気共鳴）。物質の分子構造を原子レベルで解析する。

この粘糸は様々な未知の低分子量の化合物から構成されることも明らかになっています。[4] ところで、オーストラリアの洞窟で糸を垂らして獲物を捕らえるグローワームというヒカリキノコバエでも、湿度に依存して糸の粘着力が変化することが最近になって分かってきました。[5] ハエというまったく違う分類群でも同じような性質の物質を持つというのが、生き物の進化のおもしろいところです。

同じくガが好きな親戚

トリノフンダマシの仲間に近縁なグループも、じつはガに特化しているということが分かっています。その近縁な仲間とは、ツキジグモ属（*Pasilobus*）、ナゲナワグモ属（*Mastophora*）、イセキグモ属（*Ordogarius*）といったグループで、これらはまとめてトリノフンダマシ亜科（Cyrtarachninae）と呼ばれています。

ツキジグモの仲間はトリノフンダマシの網に似て、スカスカした網を作りますが、大きく異なるのは網の形です。トリノフンダマシの網は全体的に丸い形をしていますが、本種の作る網はそのトリノフンダマシの網の一部を抜き出したような三角形の網構造を示します。日本にはワクドツキジグモという種がいますが、とても珍しいクモで、このクモは長らくどのような網を作るか分かっていませんでした。しかし、研究が進み、このクモもトリノフンダマシ同様、やはり湿度が高い条件でしか網を張らないことが分かり[6]、おそらくガを捕まえる習性を持つものと推測されます。

ナゲナワグモは名前のとおり、糸を投げ縄のように使ってガを捕まえる習性が有名なクモ（ナゲナワグモ属・イセキグモ属・*Cladomelea* 属）です。たった1本の糸で手強いガをどうやって捕まえることができるのでしょうか？　じつはこのクモ、体全体からメスのガのフェロモンを出していて、それによってオスのガを誘引し、ガを捕らえているのです[7]。これは化学擬態※6と呼ばれるものです。このフェロモンによって特定のガのグループが引き寄せられます。たとえば、アメリカに生息するナゲナワグモ（*Mastophora*）はヨトウガの仲間（*Spodoptera*）のみを捕らえるようです。日本のナゲナワグモの仲間のムツトゲイセキグモも、同様にシロモンオビヨトウの捕食例が確認されています※7[7]。

※6／においやフェロモンなどの化学物質を出して、他の生き物に擬態すること。

※7／ちなみにナゲナワグモ類は、幼体のときは投げ縄は造らない。チョウバエの仲間を誘引し、手づかみで捕らえている[7]。

ちなみにこのナゲナワグモは、糸の使い方がとてもユニークです。ガが近くにいない状況では、ナゲナワグモはただ縄（糸）を手で保持して、垂らしている状態ですが、**ガが近寄ってくると空気の振動を察知して、アグレッシブに糸を回し始めます**。投げ縄には、トリノフンダマシ属と同様に、巨大かつ強力な粘着力を持つ粘球が連なっているため、近づいたガは投げ縄にあっさり捕まってしまうのです。

　ナゲナワグモ属はアメリカに分布していますが、日本にも同じ習性を持つ別属の仲間（イセキグモ属）が2種います。※8 私も実際に投げ縄を振り回す行動を野外で見たことがありますが、人の声に反応して糸を振り回す姿はとてもおもしろかったです。このクモが糸を振り回す行動は、ウェブサイトの「動物行動のデータベース」※9で見ることができるので、おすすめです。

　さらにオーストラリアやニュージーランドにはナワナシナゲナワグモ（*Celaenia*）という変わった種がいます。このクモ、網どころか糸すら使わず手づかみでガを捕らえる習性を持ちます。捕らえられる餌がオスのガのみであることから、おそらく本種もメスのガのフェロモンを出して、オスのガを誘引していると考えられます。[9]

※8／イセキグモ属の投げ縄作成行動は、投げ縄を第1脚の代わりに第2脚で持つ以外はナゲナワグモ属のものと同一である。[8] 基本的に投げ縄には一個の粘球が付いているが、ときどき2個以上の粘球が付いた投げ縄を作ることもある。

※9／「動物行動のデータベース／Movie Animal Behavior」(www.momo-p.com)。

フェロモンの獲得はいつだったのか？

以上、説明したトリノフンダマシ亜科ですが、どのメンバーも、変わった網から、投げ縄を使ってガを捕らえるなど、非常にユニークな採餌習性を持っています。気になるのは、どの種も比較的近縁であり、さらに**同じようにガに特化していながら、ガの捕らえ方が大きく異なる**点です。この特殊な採餌行動はどのように進化してきたのでしょうか？

ナゲナワグモと違って、トリノフンダマシの網には、オスだけでなくメスのガも多く捕まります。このことから、少なくともトリノフンダマシの仲間はガを捕まえるためのフェロモンは発していないと考えられます。トリノフンダマシ亜科の採餌行動の進化のシナリオとして、二つの案が考えられます。

まず、①円網を作るクモの一群から、ガに特化した網を作るトリノフンダマシのグループが生じた。次に、②ガを捕獲するフェロモンを獲得し、ガを捕まえる効率が大幅に上昇し、徐々に大きな網を作る必要性がなくなり、ツキジグモなどの不完全な網を作るグループが誕生し、そして最終的に③網から派生した「投げ縄」を作るナゲナワグモのグループ、そしてさらに④網を作らないグループまで誕生した……、というものです。このシナリオは、つまり、トリノフンダマシは途中でフェロモンという武器を手に入れることで、大きな網を作る必要がなくなり、最終的に投げ縄行動や手づかみの行動が進化したということです。

これを確かめるための一つの手段としてDNAを使って種間の系統的な関係性を明らかにする解析が挙げられます。上の仮説が正しければ、まずトリノフンダマシのグループが生じ、そこから不完全な円網である三角網を作るツキジグモ、そしてさらに究極の網であるナゲナワグモ、糸すら作らないナワナシナゲナワグモという順で系統が分かれていくはずです。しかし、日本の研究グループが系統解析を行《おこな》ったところ、なんとまったく予想だにしない結果が得られたのです。

まず、系統樹[※10]の最も根元の部分、つまり古い時代にトリノフンダマシとナゲナワグモの仲間が分岐し、その後、トリノフンダマシの仲間から三角網を作るツキジグモの仲間が生じたのです。一方、ナゲナワグモのグループからは手づかみで餌を捕

※10／進化の〈枝別れしていく〉過程を図式化したもの。

らえるナワナシナゲナワグモの仲間が生じたのです。なので、トリノフンダマシからツキジグモを経由して、ナゲナワグモ、アミナシナゲナワグモが生じるという、網が徐々に小さくなって投げ縄になったという過程ではなく、**むしろ、最初にガのフェロモンを使えるグループとそうでないグループに分かれて、それぞれが独自の進化を遂げた**というストーリーが描かれたわけです。[10]

『クモのはなし』（技報堂出版）という本にも書かれていますが、このトリノフンダマシとナゲナワグモの発見は、その造網行動と採餌行動の特殊さから、日本のクモ学の歴史の中でもとても興味が持たれていたトピックでした。そして、結果として、生き物の進化は「網が減少過程を経て、投げ縄にいきついたのではないか」という人間の予想をみごとに裏切るものでした。技術の発達により、トリノフンダマシ亜科の進化の道筋、さらにこれまで分かっていなかった特殊なトリノフンダマシ類の糸の物性も解明されつつある現状は、クモ屋として新参者である私にとっても非常に感慨深いものがあります。※11 特殊な生態を持つ生き物の研究は、これからの時代、おもしろい展開を迎えていきそうです。

※11／トリノフンダマシの特殊の糸の性質の発見は、かつて私が所属していた東京大学大学院の宮下 直先生の研究室の貢献が大きい。発見の経緯は日本蜘蛛学会のニュースレター「遊絲」No.17「トリノフンダマシから学んだこと」宮下 直に詳しく書かれている。（http://www.arachnology.jp/yushi.php?n=7）

8 他人の家に居候するクモ

イソウロウグモの盗みの技

クモの全種数（約4万8000種）のおよそ半数は網を張るクモです。しかし、その網を張るクモの一部には、網を作る習性を捨て、他のクモの網に居候《いそうろう》して生活するグループがいます。その名もずばり、イソウロウグモ。

イソウロウグモはヒメグモ科のイソウロウグモ亜科に属する一群で、世界に200種ほど存在します。[1] イソウロウグモの仲間は造網性のクモ（以後、宿主《しゅくしゅ》※1と呼びます）の網に侵入し、主に網に捕獲される小さな獲物を横取りして生活しますが、その餌を盗む行動は種によって異なり、じつに多様です。また、同じ種においても、いくつかの餌盗みの方法を状況に応じて使い分けるなど、極めて行動の柔軟性が高

※1／一般的に、寄生生物に寄生される生き物のことをいう。

いことも知られています。「そんな変わったクモ見たことがない」と思われる方もいるでしょうが、日本には20種強のイソウロウグモの仲間が生息しており、ジョロウグモやコガネグモなど身近なクモの網上にもそれらは認められます。ここではそんなユニークなイソウロウグモの生態を紹介したいと思います。

鮮やかな盗みのテクニック

イソウロウグモは他のクモの網に居候するということですが、これらのクモは基本的に宿主のクモに比べてサイズが小さめです。なので、網の上にいると餌にまちがわれて食べられてしまう危険性があります。そのため、イソウロウグモは宿主の網に直接居座るのではなく、その網に足場となる糸を数本付け足し、宿主から直接攻撃を受けない安全な場所で待機しています。

イソウロウグモの餌を獲得する方法は多様ですが、基本的な採餌行動は**「盗み食い」**です。クモの網には多くの餌が捕らえられますが、すべての餌が宿主に食べられるわけではありません。小バエやアブラムシなど1～2㎜程度の微小な餌は宿主に気づかれずに網に放置されたままの状態であるため、イソウロウグモはこうした余りものをコソコソと盗んで食べています。このようにイソウロウグモ類は、自ら労力をかけず、他のクモの労力（たとえば、網を張る作業、エネルギーコストなど）に便乗しているため、「盗み寄生者（Kleptoparasite）」といわれております。

もう少し高度な盗み食いの技術として、宿主が食べている餌を一緒に食べる方法があります。宿主は自分の体長と同じ、もしくはもう少し大きな餌を捕らえることがありますが、このとき、宿主がくわえている餌の裏側は隙だらけです。この隙を見計らって、イソウロウグモは大きな餌の裏に回り込むことによって、宿主に気づかれずに一緒に餌を食べることができるのです。この一緒に餌を食べる方法、じつは栄養吸収の面でとても効率的です。クモは消化液を出して獲物を溶かしながら液体をする、「体外消化」で栄養を摂取するわけですが、宿主は餌をときおり回しながら食べる部分を変えるため、時間の経過とともに、餌は宿主の消化液によって万遍なく表面が溶かされた状態になります。そのため、イソウロウグモ自らが獲物を消化する必要がなく、**非常に食べやすい状態になっている**のです。海外の研究によりますと、イソウロウグモは宿主と一緒に食べるときのほうが、自ら餌を捕まえたときに比べて体重の増加量が大きく、栄養摂取効率が高いことが示されています[2]。**最も難易度の高い餌盗みのテクニック、それは宿主が食べている餌を横取りするという方法です**。これはサイズが大きな宿主の場合、返り討ちにあう場合もあるため、極めてリスキーな盗みの方法です。どのような方法で盗むのでしょうか？　この餌盗みの手段は「宿主が餌を食べている最中に、他の餌が網に捕獲される」というシチュエーションに限定されます。

　このシチュエーションにおいて、宿主のクモは現在食べている餌をいったん放して、新たな餌を捕獲しにその場を離れることがありますが、イソウロウグモはこの隙を見逃しません。それまで安全な自分の棲《す》み処《か》でじっとしていたイソウロウグモは突如、自分の棲み処から、糸を引きながらダッシュで宿主の網に向かいます。宿主が手放した餌に到着するやいなや、網から餌を外し、その餌を脚で保持した状態で引いてきた糸をたぐり、自分の棲み処に戻っていきます。

自分の棲み処に戻ればもう安心。あとはゆっくりと餌を食べることができるのです。[3] この間、なんとわずか数十秒。新たな獲物を捕らえた宿主が満足気に網の中心部に戻るとすでに捕獲していた餌はそこにはなく、宿主は茫然と立ち尽くします。なんと鮮やかな盗みの手口でしょう。

だるまさんが転んだ

巧妙な盗みのテクニックを見せるイソウロウグモですが、一歩まちがえば、宿主に返り討ちにあう危険性もあります。どうやって宿主の行動を正確に把握しているのでしょうか？　一つ重要なのは、振動です。造網性クモ全般にそうですが、これらのクモの視力はあまりよくなく、基本的に糸を伝わる振動をもとに餌の位置などを把握しています。イソウロウグモも同様であり、宿主の網に接続した足場糸を伝わる糸の振動をもとに、宿主や餌の位置、行動などを正確に把握しており、この研ぎ澄まされた感覚が一連の巧みな盗み行動を可能にしていると考えられます。※2[4]

※2／この糸の振動に対する感覚を利用した求愛行動については、「第4章 クモの求愛行動」を参照。

　また、この振動への感覚を利用してうまく宿主の反撃を回避しています。宿主はイソウロウグモの存在に気づくと、しきりに網を引っ張って侵入者の存在や位置を把握しようとしますが、そのとき、イソウロウグモは完全に動きを止めます。動きを止めてしまえば、振動が宿主に伝わらないわけですから、存在が気づかれないのです。宿主が警戒をやめるとイソウロウグモは再び何事もなかったかのように網内で餌を物色し始めます。**この様子はまさに「だるまさんが転んだ」みたい**な感じで、野外で観察しているととてもコミカルでおもしろいです。

　ちなみにイソウロウグモもまれに返り討ちにあうこともあります。私自身もアカイソウロウグモという種が宿主の糸でぐるぐる巻きにされているシーンを見たことがあります。巧妙な盗みのテクニックや高度な感覚器官も、完璧ではないようです。

糸食い・子食い・宿主食い

　最初に述べたように、イソウロウグモの採餌行動は多彩であり、餌盗みだけではありません。たとえば、宿主が作る網を食べてしまう習性も知られており、これは**「糸食い（Silk feeding）」**と呼ばれています。クモの網を構成する糸はタンパク質でできているため、餌資源としても利用可能です。この糸食いの習性は国内ではミナミノアカイソウロウグモ（*Argyrodes flavescens*）、シロカネイソウロウグモ（*A. bonadea*）などの種で見られますが、とくに餌が少ない秋の終わりなどにこの糸食い行動が頻繁に見られます[5]。そのため、おそらく餌不足を補うための副次的な採餌手段だと考えられます。宿主もせっかく頑張って作った網が食べられてしまってはたまったものではありません。

宿主が産んだ卵を食べるという習性も知られています。クロマルイソウロウグモ（*Spheropistha melanosoma*）という種は主にオオヒメグモ（ヒメグモ科）の網で見られますが、餌盗みだけでなく、卵嚢《らんのう》から出てきたばかりの子グモを次々と襲って食べてます。子グモを食べ尽くしたクモは、これまでしぼんでいたお腹がパンパンに丸くなり、その後産卵を行います。詳しいことは分かっていませんが、本種は生活史※3をまっとうするうえで子グモ食いが必須のように思えます。

※3／生物個体の発生から死までの生活過程。

もう一つは宿主を襲って食べるという手段です。**こうなるともはや居候というよりは強盗です。** 通常、イソウロウグモは宿主のクモよりも体サイズが小さいため、どうやって宿主を襲うのか疑問に思われるかもしれません。**この宿主食い、ほぼ例外なく宿主の脱皮のタイミングを見計らって行われます。なぜなら、脱皮直後のクモは体が柔らかく、外骨格が固まるまで身動きがとれず無防備になるからです。** チリイソウロウグモ（*Argyrodes kumadai*）という種は基本的に餌を盗んで生活していますが、ときおり、宿主を襲って食べることがあります。[6] 網にかかる餌が少ない状況、あるいは周りに代わりとなる宿主がたくさんいる状況において行われるのでしょうか？ この宿主食いを引き起こす条件が気になるところです。

イソウロウグモ亜科ですが、すべての種が居候生活をするわけではなく、なかには放浪生活をするものもいます。その仲間としてオナガグモ属（*Ariamnes*）、ヤリグモ属（*Rhomphaea*）のクモが挙げられます。

いずれもクモを専門に襲うクモですが、オナガグモは粘着性のない数本の糸を受信用に樹間などに引き、そこを通りかかるクモに粘球糸を投げつけて捕らえます。

ヤリグモは放浪しながら他のクモの網に侵入し、網主を襲います。居候しないとはいえ、これらのクモも他のクモに依存している点ではイソウロウグモと共通しています。ちなみに最近の研究によりますと、これらのクモは、クモ以外の獲物（昆虫など）も幼体期に利用していることが分かってきました。[※4]

イソウロウグモと宿主の関係

イソウロウグモ類は、宿主から資源を搾取し、一方的に利益を得ています。一方、宿主にとってイソウロウグモはどのような存在なのでしょうか？

イソウロウグモが宿主に及ぼす影響は、網に侵入するイソウロウグモの種や習性などによって大きく異なります。たとえば、小さな餌を盗み食いするくらいであれば、それほど宿主に害はなく、むしろ網のゴミ掃除をしてもらえている点でよいことかもしれません。しかし、宿主を食べる習性や卵を食べる習性を持つ種は明らかに、宿主のクモにとって有害な存在です。

※4／鈴木佑弥 私信

　また、宿主の網に寄生するイソウロウグモの数は種や場所によっても違います。たとえば、チリイソウロウグモなどは宿主であるクサグモの網に、せいぜい1~2匹しか侵入しませんが、シロカネイソウロウグモでは、宿主となるジョロウグモの一個体の網の中に数十匹侵入することがあります。海外の研究によると、餌盗みによって餌の取り分が減る効果や糸食いによって網面積が減少する効果だけでなく、**イソウロウグモの存在自体が宿主のクモにとってストレスになる可能性**が示唆されています。[7] それによって宿主の体重が減少したり、あるいは宿主が網の引っ越し（つまり違う場所に網を張り替える）頻度が高まるなど、悪い影響を及ぼすようです。

　このように宿主にとって迷惑な存在のイソウロウグモですが、近年、イソウロウグモが宿主に利益をもたらすという相利《そうり》関係《かんけい》を示唆する例も報告されています。東南アジアや台湾に分布する *Argyrodes fissifrons* というイソウロウグモの一種は、体表面から光を反射することで餌となるガを誘引し、宿主の餌獲得量を増やすようです。[8] 宿主の生存率を高めることは、イソウロウグモ自身の棲み処や餌場の維持にもつながるため、宿主の生存率を高める習性が進化した可能性が考えられます。イソウログウグモの仲間の多様性は、採餌行動だけでなく、模様や体の色も近縁種間で様々に異なり、じつにカラフルです。相利共生[※5]を示された例は今のところ一例にすぎませんが、もしかしたらその他の種の派手な体色にもなんらかの役割があり、宿主との関係に影響しているのかもしれません。

イソウロウグモの多様化と進化

以上のように、イソウロウグモは、種によって多様な行動・生態を持つことがお分かりいただけたかと思います。イソウロウグモ類はそれぞれに利用する宿主が異なるため、おそらく様々な宿主の行動や網内の環境に適応した結果、こうした多様な行動・生態がもたらされたのだと考えられます。

私自身も、大学院生の頃にこの問題に興味を持ち、地域によって違うクモを宿主として利用するチリイソウロウグモという種を対象に、宿主の性質とイソウロウグ

※5／異なる生き物同士が互いの利益のもとでともに生活すること。

モの行動との関係について研究を進めてきました。ここでは詳しくは述べませんが、私の研究では、宿主となる造網性クモの特徴、とくに網構造の違いが、イソウロウグモをとりまく餌環境や物理的環境を大きく変え、形態（脚の長さ・体の大きさ）や歩行能力といった形質の進化に影響を及ぼすことを明らかにしました。[9]

また、イソウロウグモの系統関係については最近、研究が進んでおり、採餌行動がどのように進化してきたかも解明されつつあります。イソウロウグモ類の行動の進化については、これまで三つの仮説が提示されていました。どのような仮説かというと、一つは「盗み寄生」が祖先型であり、「クモ食い」の習性がそこから進化してきたというもの、二つ目は「クモ食い」が先であり、そこから「盗み寄生」の習性が後から進化したという説、最後は「盗み寄生」も「クモ食い」も造網性クモから独立に進化してきた可能性です。数年前についにイソウロウグモの系統関係の全容を明らかにした論文が発表されました。[10] その解析結果によると、**イソウロウグモ亜科においてクモを食う習性を持つ種がより祖先的であり、その中から餌盗みの習性を持つ種が進化してきた……という二つ目の仮説を支持する結果が得られた**のです。

つまり、はじめのうちは他のクモの網へ侵入して、その主を追い出したり、ときには捕食していたのが、やがて網上に放置されている餌に目をつけてそれを奪うようになった……、というプロセスが考えられるわけです。

イソウロウグモの行動の進化については『クモのはなしⅡ』（技報堂出版）でも話題になっていましたが[11]、長年の疑問に決着がついたといえるでしょう。今後、宿主利用との対応関係なども明らかにすることによって、行動や形態が、宿主によってどのように変化してきたかなど、よりおもしろいことが分かってくるのではないかと期待しています。

9 空を飛ぶクモ

海上にまで及ぶバルーニング

クモには分布域が広いものが多くいます。たとえば、みなさんも一度くらいは名前を聞いたことがあるオニグモは、北海道から沖縄まで日本全土に分布します。また草むらで普通に見られるナガコガネグモは日本だけでなく、東アジアからヨーロッパまで、熱帯地域を除くユーラシア大陸に広く分布します。大陸だけでなく、遠く離れた島々、小島にもクモは分布します。

では、クモはどうやって移動するのでしょうか？　糸を伝って移動する姿は容易にイメージできると思いますが、クモの移動手段はそれだけにとどまりません。なんと、**糸を使って大空を航行**することが知られています。ここではクモがどのようにして移動し、分布を広げているのかを紹介したいと思います。

風に乗ってどこまでも

クモは腹部の末端にある糸疣《しゆう》※1から糸を空中に放ち、風に乗って移動することが知られています。これは**バルーニング（ballooning）**として知られるクモの分散行動です。長く繰り出された糸が風に乗って流されると、クモはこの風に引っ張られて空に飛び立っていきます。このバルーニング行動は、小さなクモにのみ可能であり、幼体の分散期にしばしば見られる行動ですが、サラグモ科のように1～2㎜に満たない小さなグループや、メスよりもはるかにサイズが小さなオスなどでは大人になってもこの風による分散行動が見られます。ちなみにこのバルーニング、多くの個体はうまく風に乗れず、それほど遠くまで移動できないようですが、**うまく風に乗ればはるか遠く数百km以上先に移動できる**といわれています[1]。

このクモが空中を航行するという習性は古くから知られています。たとえば、進

※1／糸を出すイボ状の器官。

化論でも有名なチャールズ・ダーウィンが、ビーグル号[※2]で南米航海中に、沿岸から遠く離れた海上で飛行するクモを観察した話は有名です。また、大量のクモがバルーニングによって地上に降り立つ様子も古くから観察されています。このとき、クモが飛来した場所は白いベールが掛かったように、大量のクモの網によって覆いつくされます。この現象は欧州で「ゴッサマー（gossamer）」、中国では「遊絲《ゆうし》」と呼ばれており、多くはコサラグモ類による仕業です。[※3] この「ゴッサマー」や「遊絲」など大量のクモの飛来は、ある特定の気象条件や時季のもとで起こることから、クモのバルーニング行動は気象条件と密接に関係しているようです。[2]

※2／この船でガラパゴス諸島などを調査し、『種の起源』が執筆された。

※3／同様の現象は日本でも見られる。山形県のほうでは、秋の収穫を終えた水田地帯に光輝くクモの糸が空中を流れていく現象が見られるが、この後に初雪を迎えることが多いため、「雪迎え」と呼ばれている。

飛べるクモ・飛べないクモ

バルーニング行動はすべてのクモが行うわけでなく、グループ、あるいは種によってその行動は大きく異なります。欧州のコモリグモ科（Lycosidae）を対象とした研究によると、同じコモリグモの仲間でも、バルーニング行動を行う種とあまり行わない種がいることが明らかにされています。直接バルーニング行動を観察するのは難しいので、この研究では、クモがバルーニングで糸を風に流すときに行う、「つまさき立ち行動（tip-toe behavior）」の頻度を比較しています。その結果、このつまさき立ち行動の頻度が種によって違うこと、さらにつま先立ち行動の頻度とその種が棲む生息環境の広さとの間に強い関係が見られたそうです。すなわち生息環境が幅広い種（いろいろな環境で見られる種）は頻繁につまさき立ち行動を行うのにたいして、生息環境が狭い種（特定の環境でしか見られない種）ではつまさき立ち行動があまり見られないそうです[3]。

なぜバルーニング行動の有無と生息環境の広さが関係するのでしょうか？ **これはおそらくバルーニングが自分の意思によって移動先を自由に選べないことと大きく関係しています。** たとえば、いろいろな環境を利用できる種は偶然風で運ばれた環境でも、うまく生存できる可能性が高いですが、特定の環境でしか生存できない種では、風で偶然たどり着いた場所が自分の生息に適していない可能性が高くなります。そのため、バルーニングの習性を持つかどうかはその種の生息環境の特性と大きく関係しているのです。

クモはバルーニングによってうまく気流に乗ることができれば、はるか彼方の新天地に到達できる可能性があります。なので、バルーニング能力を持つ種は潜在的に高い移動分散能力を持つ種といえます。新たに誕生した島、あるいは海洋島など大陸と一度も地続きになったことのない環境にもクモが見られますが、こうしたクモの多くは移動分散能力が高い種であり、バルーニングによって移入してきたものと考えられます。また、農地や河川敷などは耕起※3や河川の氾濫によってしばしば攪《かく》乱《らん》が起こり、そのつど生物相※4がリセットされますが、こんな厳しい環境でも攪乱の後にクモが見られます。こうした攪乱が激しい場所で見られるクモも移動分散能力が高い種であり、バルーニングによってつねに遠隔地から個体が移入してきていることを示唆しています[4]。

さて、海洋島など大陸から離れた場所に見られるクモは、移動能力が高い種であるという話をしました。しかし、ハワイ諸島といった海洋島に生息する固有種を調べてみると、意外なことに多くの種はバルーニング能力を持たないことが分かって

※3／トラクターなどで土を掻き混ぜること。

※4／ある特定の区域の中を構成するすべての生物のこと。

います。これは「島に到達できた種は移動分散能力が高い」という予測と大いに矛盾します。

なぜでしょうか？　ポイントは島の周りが海によって囲まれているということです。**仮にたどり着いた小さな島でクモがバルーニングを行《おこな》ったとします。すると風に乗ってそこそこ移動できた場合、かえってほとんどのクモは周囲の海に落下して、死んでしまう可能性が高いのです。**陸地面積が多い大陸でバルーニングするのとはわけが違います。なので、島にたどり着いたクモの祖先は、もともとは高い移動分散能力を有していたと考えられますが、新たにたどり着いた「島」という環境ではむしろ高い移動分散能力が生存にとって不利だと考えられます[5]。そのため、これらのクモは自然選択によって島という新たな環境に長い時間をかけて適応する過程で、二次的に移動分散能力を失ったと考えられます。要約すると**「バルーニングは島への（偶発的な）移入を可能にするが、島の中ではバルーニング能力はむしろ不利である」**ということです。この一見、矛盾した現象が見られるのが、進化のおもしろいところでもあります。

バルーニングのメカニズム

バルーニングは、糸が風で引っ張られてクモが移動する……という一見単純そうな仕組みですが、じつは風が穏やかな日においてもクモのバルーニング行動・飛翔が見られるという観察事例もあります。そのため、その空中に浮遊する仕組みや、クモがどのようにして移動分散のタイミングを決めているのかについては未解明な点が多くあります。

最新の研究によると、糸が帯びる静電気が地球の電場に引っ張られてクモの空中浮遊を促すこと、そして、クモは**地球の空中電場の強弱を検知し、バルーニングを行うタイミングを決めている**ことが、人為的に電場を発生させる実験によって分かってきました。[6] 野外での検証はまだですが、今後、研究が進むことで、さらにクモが空を飛ぶ詳しいメカニズムが分かってくるかもしれません。

また、クモが長距離移動し、分布を広げるメリットについても不明な点が多いところです。たとえば、長距離移動によって新天地にたどり着くことは同種や他種との競合を避ける点では有利そうですが、同時に生息に適していない環境にたどり着くリスクや同種他個体が少ないため配偶者に遭遇できないリスクが存在します。なので、バルーニングが有利かどうかは状況によって大きく左右されるものであるため、そのメリットを明らかにするにはさらなる研究が必要でしょう。

飛ばずに海を渡るには

ここまでバルーニングについて大きく取り上げましたが、最後にその他のクモの移動手段についても簡単に触れていきましょう。

最近では、クモは空だけではなく、**じつは水面上をサーフィンできることも分かってきました。クモがバルーニングによって海や池など水面に落ちる危険性はすでに述べましたが、じつは水面に落ちても、クモが水面上に立つことができ、さらに手を船のマストのように立てて、風に乗って水上を帆行できることが分かってきた**のです。※5[7] これはバルーニング行動を行う種に特異的に見られる行動であるため、お

※5／この行動は主にアシナガクモ科やサラグモ科で見られている。

そらく空を飛んで水に落ちたときの適応的な行動だと考えられています。実際、水に落ちてどのくらいの個体が生還できるかはよく分かっていませんが、この研究成果は少なくともクモが水に落ちたからといってそれがただちに死につながるわけではないことを示しています。

また、バルーニングをしないクモでも、十分に広い分布を示すものもいます。たとえば、地中に穴を掘って生きるオキナワトタテグモやキノボリトタテグモ（トタテグモ科）はバルーニングを行いませんが、鹿児島県から沖縄県まで琉球列島（南西諸島）の島々に広く分布しています。このグループは非常に歴史が長い原始的なクモの仲間なので、島同士が地続きの時代に分布を広げた可能性もありますが、その割には島間の集団における遺伝的な違いが小さいことも示唆されています。一方で、これらのクモは木の表面、割れ目などにも巣を作るため、流木などに乗って他の島に運ばれている可能性も囁《ささや》かれています。[5] **トタテグモ類の地中・樹の表面に作られた巣は糸で強く裏打ちされているため、仮に海を漂っても巣の扉を開けない限りは、巣内に水は浸入してきません。**[8] またクモは一般的に飢餓耐性が高いので、こうした能力も海での長旅を可能にしているのかもしれません。ただし、これは決定的な証拠はなく、今後これらを明らかにする調査や状況証拠が必要でしょう。

クモの中には世界中に分布し、汎世界種[※6]・外来種[※7]として急激に分布を広げている種もいます。これはもはやバルーニングによる移動だけでは説明できず、おそらく物資の流通・移動など人間活動に便乗して分布を広げているものと考えられます[9]。

実際、毒グモとして有名なゴケグモ類は海外からのコンテナや資材に紛れて見つかるケースも多く、初めて発見される場所はたいてい、港湾地域や空港・軍事基地など国同士の物資や人の行き来の多いところです。外来グモに共通する生態的特徴は人間が開発した人工環境で生活できることです。日本で見られる代表的な外来種、セアカゴケグモ、マダラヒメグモ、クロガケジグモなどはいずれも港湾、駅、公園、排水路のグレーチングなどの人工的環境で見られ、自然豊かな森林・湿地ではまず見られません。人工環境は餌が乏しく、乾燥しているため、おそらく高い乾燥耐性や飢餓耐性を持つことと関連していると思われますが、これらのクモ類が、人間の行き来が活発になる以前、どのような自然環境にいたのかにも興味が湧いてきます。

※6／世界中に普遍的に生息する動植物種。

※7／もともとその地域には存在しなかったのが、外から入り込み、そのまま定着した動植物種。

10 水辺に生きるクモ

水中、水際、そして冠水する棲まい

クモは陸上の生き物です。

しかし、意外にも水辺との関係が深く、そのことはあまり知られていません。水辺とは、身近なところで田んぼ、河川、ため池、沼、そして海岸などの陸と水の境界域を指しますが、そのようなところにもまた、多様なクモはたくさん生息しています。どのようなクモがいるのか、そしてクモはその環境の中でどのように生きているか、ここで注目してみましょう。

なかには水中で暮らすクモもいて、クモの環境適応能力の高さに、改めて驚かれることと思います。

アメンボのように水上を歩く

身近な田んぼ、河川、ため池などでよく見られるのは、コモリグモ科（Lycosidae）やキシダグモ科（Pisauridae）に属する地表徘徊性のクモです。水辺を歩いてみると、イナダハリゲコモリグモ、キクヅキコモリグモ、キバラコモリグモ、スジブトハシリグモなどがわらわら歩き回る様子を見ることができます。

こうした水辺に棲むクモたちは水をはじく疎水性の毛で体表面が覆われているため、水上・水中でも体を乾いた状態に保つことができます。また、水面が押し返す力（表面張力）を利用することで水面に浮かび、アメンボのようにスイスイ移動もできます[1]。これらのクモは水陸それぞれの生き物を餌として捕らえますが、体を陸地に、そして第一・二脚だけを水面につけて水面に落下する昆虫を待ち構えることが多いようです。こうすることで水面の波紋・振動を感知することができ、水面に獲物が落ちるやいなや水面を走って獲物を捕らえます。つまり、**水面自体が振動を伝える「クモの網」のような役割を果たしている**わけです。

水辺は徘徊性のクモが目立ちますが、造網性のクモであるアシナガグモ科（Tetragnathidae）のアシナガグモ属（*Tetragnatha*）も多く見られます。アシナガグモ属のクモは水辺に生える植生、水田のイネの株間、河川を覆う樹木の枝、枯れ枝、水路などに水平な円網を張ります。網を張るクモの多く（コガネグモ科・カニグモ科、ヒメグモ科）は水面を歩くことが苦手ですが、このクモは違います。コモリグモやハシリグモと同様に、試しに水面に落としたとしても、水面の上を陸地のようにうまく歩くことができます。

水辺環境に最も適応したグループとしてハシリグモ属（*Dolomedes*）のクモがあげられます。普段は水辺で水面に脚をつけて獲物を待ち構えていますが、危険を感じると水の中に潜ることもできます。また、水中に潜って小魚やオタマジャクシなどの餌を捕まえることもあります。このように魚を捕まえる習性から英語で**「fishing spider（魚釣りグモ）」**とも呼ばれています。またカエルなどの天敵から攻撃を受けそうになると、水面の上を垂直に跳び上がり、その後、水面を全速力で跳ねていく行動も見せます。[※1] この動きはじつに早く、その跳ねる様子はまるで「水切り」の

※1／ギャロッピングと呼ばれる。

石のようです。

クモは何分水に潜れるか？

さて、これらの水に潜るクモですが、何分ほど潜ったままでいられるのでしょうか。水に潜るクモの時間を観察してみると、せいぜい数分で再び陸に出てくることが多いですが、長いときには2時間以上潜ることもできるようです。キクヅキコモリグモでは2時間40分連続で潜り続けたという記録もあります[2]。人間の潜水時間の最長記録は平均ではせいぜい数分、最長記録で22分らしいので、これは驚異的な数値といえるでしょう。

クモは腹部にある書肺という呼吸器を用いて、直接体内に空気を送り込み酸素を体の各組織に届けています。つまり、魚のように水中に溶けた酸素を利用することはできないため、空気が不可欠なのです。それでは、水の中でどうやって呼吸をしているのでしょうか？　じつはクモは水中に空気を持ち込んでいるのです。どういうことかというと、**半水棲のクモの多くは体表面が疎水性の毛で覆われているため、毛の間に空気をため込むことができ、これによってアクアラング**[※2]**のように腹部に空気をまとうことができるのです。**実際、水中に潜ったハシリグモを観察してみると、腹部の表面に空気の層ができており、その層が銀色に光って見えるのを確認できます。

ちなみに、**「クモは何時間まで水中で生存できるか？」を調べた少し残酷な実験もあります。**これは洪水で冠水するような環境に生息するコモリグモの一種（*Pardosa lapidicina*）で行われました。4時間、8時間、11時間、16時間とクモを水に沈める時間を変えた実験を行い、その生存率を比較してみたところ、16時間水に沈めたクモはさすがに1匹も生き残っていませんでしたが、11時間沈めた処理では10％の個体が、8時間沈めた処理では半数の個体が、そして4時間沈めた処理では8割以上の個体が生きていました[3]。これは一事例に過ぎず、おそらくクモの種類によっても生存率は違うとは思いますが、とにかく人間では考えられないような長い時間、水の中で生存できるようです。

※2／スキューバダイビングで用いられる、圧縮空気を詰めたボンベとマスクを組み合わせた器材。

完全水中生活のクモ

先に述べたようにクモは空気中の酸素が必要なので、水辺に見られるクモも基本的な生息場所は主に陸上だといえます。ただし、一種だけ例外がいます。それはミズグモ（*Argyronata aquatica*）という種です。この種は**一生を完全に水中で生活する**というユニークな習性を持ちます。ただし、その特異な習性の割に、見た目は非常に地味で、外見は他のクモと特段変わりません。実際、体のつくりも水中生活に適しているわけではなく、やはり空気が必要です。では、どのように水の中で生活しているのでしょうか？　なんとこのクモは、**水草などに糸を層状に重ねたドーム状の巣を作り、そこに空気を集めて空気室を作る**のです。巣内の空気は、クモが水面に出て空気（気泡）を腹部と脚に抱えて潜り、その気泡を繰り返しドームに放つことで蓄えられていきます。

主な餌は水生昆虫、イトミミズ、ミズムシで、これらを水中で捕らえ、空気室に持ち帰って食べます。このミズグモはミズゴケが生えたような湿原に生息しており、主に天敵となる大型魚類がいない環境で見られるようです。ユーラシア大陸に広く分布しており、日本にも生息しています。国内では北海道・本州・九州に分布していますが、本州・九州では限られた場所でしか生息が確認されておらず、長らく生息も確認されていないため個体群[※3]の消失が危惧されています。

ところで、クモの講演をしていると聴衆の方からよく「ミズグモを見た」という話を聞きますが、おそらくその多くは水に潜ったコモリグモやハシリグモをミズグモとまちがえたものと考えられます。少なくとも日本においてはかなり限られた環境でしか見られない珍しいクモといえるでしょう。

※3／ある区域内にいる特定の種の全体のこと。

海岸に棲むクモ

淡水の水辺だけでなく、海辺にもクモはいます。その代表格として、イソハエトリ、イソコモリグモ、イソヌカグモ、イソタナグモ、スナハマハエトリなどが挙げられます。イソハエトリは波しぶきがかかるような岩礁や港に、イソコモリグモは面積の広い環境が良好な砂浜、イソタナグモは海岸の石の下、漂着物の下などで見られます。

ただし、これらは完全に海水で水没するような環境では見られません。唯一、海中に見られるクモとしてウシオグモの仲間（*Desis* spp.）が挙げられます。このクモは海岸の岩場、干潟などの潮間帯[※4]に生息し、岩の隙間、石の下などに管上の住居を作ってその中に潜んでいます。[4] 満潮時には住居は海水中に没してしまいますが、糸でしっかりと作られているため、海水は中まで侵入しません。潮が引くと、住居から出てきて潮間帯にいるハエや等脚類（フナムシの仲間）などを捕らえるようです。ミズグモのように完全に水中生活に適応しているわけではありませんが、**なぜあえてこのような海水で水没する過酷な環境で生活するようになったのか**、その進化の過程や理由に興味が湧いてきます。

水と陸とのつながり

※4／満潮時には水没し、干潮時には海面から地表が現れる地帯。

以上述べたように、水辺には、水辺環境に適応した様々なクモが生息していることがお分かりいただけたかと思います。このクモたちはユニークな行動を持つだけでなく、陸と水の生態系をつなぐ存在として、大切な役割を果たしています。たとえば、幼虫期を水中で過ごすカゲロウ、トビケラ、一部のハエ類は、ある季節になると河川から大量に羽化しますが、水辺に棲むクモ類は、これらの昆虫を餌資源として利用しています。[5][6] そしてこのクモ類は鳥やトカゲなどのより大型の捕食者に食べられることによって、高次の生き物を支えています。**つまり食物連鎖の関係を通じて、河川生態系は陸上生態系に影響を及ぼしており、もっとざっくりいえば、河川の生き物の豊かさが、クモを介して、陸上の捕食者たちを支えているわけです。**

違う生態系同士のエネルギーの行き来を橋渡しするという役割は、一部の造網性クモでは調べられていますが、その他の徘徊性クモについては分かっていません。たとえば、ハシリグモの仲間はカエルや魚などのもっと大型の生き物を利用しているため、造網性のクモとはまた違った役割を果たしているのかもしれません。

11 柔軟なクモの網デザイン

網を見てクモの体調を推測する

クモは種類によって様々な網を張ります。これは種類ごとに異なる餌環境や、餌の好みの違いを反映していると考えられます。多種多様なクモの網ですが、網デザイン（大きさや形）は種間で異なるだけでなく[※1]、じつは同種の個体でもその状態によって大きく変化するのです。なぜならば、**クモの網は住居であると同時に、餌を捕るための道具であるため、そのときどきのクモの採餌にたいするモチベーションを強く反映している**からです。

網の形は体調のバロメーター？

※1／詳しくは、巻頭の図説「造網性（網を張る）のクモ」を参照。

動物の餌を捕る行動は、お腹の空き具合に強く影響されます。たとえば、お腹が空いたら餌を探しに行きますし、お腹がいっぱいのときは休みます。クモも例外ではありません。網を張るクモの場合は、網を張るのには多大なエネルギー（糸を生産するコストと張るコスト）を要するわけですから、餌を捕る必要性がなければ、無用なコストはかけません。

実際、クモがお腹の空き具合によってどのように網を張る行動が変わるかを調べた研究があります。その実験方法として、野外のクモ（ナカムラオニグモ）に実験的に餌を与える処理と与えない処理を設けることによって、空腹状態と満腹状態のクモをつくり、その空腹状態が異なる個体間で網の形や大きさを比較しました。その結果、**空腹のクモはお腹がいっぱいのクモに比べて大きな網を作る**ことが分かりました。[1] また使っている糸の総量も多いことが分かりました。網が大きいほど、餌が捕まる確率が高まるわけですから、お腹が減っているクモほど餌を捕まえるモチベーションが高いと解釈できます。裏を返せば、個体間の網の大きさの違いは、お腹の減りぐあいや採餌にたいするモチベーションの違いを表しているともいえます。

謎を呼ぶ白帯の機能

お腹の空き具合によって変化するのは網の大きさだけではありません。餌の捕獲量を高めるための網デザインの変化も見られます。それは「白帯《はくたい》」と呼ばれるもので、これはコガネグモ科やウズグモ科のクモの円網に見られる糸で作られた装飾物のことを指します。形はX字、棒状、渦巻き型など非常に多様で、幾何学的な模様をしています。この装飾物の機能は古くからクモ研究者の関心を引き、「天敵から身を守るための役割」「太陽光を反射して体温の上昇を防ぐ役割」「網を目立たせることによって鳥から網が壊されるのを防ぐ役割」「紫外線を反射して餌を誘引する役割」など、様々な仮説が提唱されてきました[2]。

一方、網にこの白帯が付いているかどうかは同じ種であっても個体によって違います。なので、この機能をひも解くうえで、個体の状態がカギを握っていると考えられます※2。

仮に餌を誘引する役割を持つのであれば、空腹な個体ほど餌への要求が高く、こ

※2／今回は主に白帯の餌の誘因機能を中心に紹介しているが、天敵からの防衛機能を支持する研究例もあり、おそらく種によってその機能は違うと考えられる[2]。

の白帯を付ける可能性が高くなるかもしれません。渡部健博士は、カタハリウズグモ（*Octonoba sybotides*）という種を用いて、この空腹状態と白帯の有無との関係を実験的に調べました。室内実験の結果、餌の量を少なくした空腹な個体ほど網に白帯を付ける確率が高いことが分かりました。さらに、白帯のある網とそうでない網のどちらに餌が捕獲されるのかを比較したところ、白帯のある網のほうがより高い確率で獲物が捕獲されることが分かりました。また短波長の光（紫外線）を照射しない条件では、白帯のある網とそうでない網との間で餌が捕獲される率に差が生じないことも分かりました。[3] このことから、**白帯は視覚効果によって餌をおびき寄せる機能があることが分かりました。これは、紫外線に誘引されるという餌昆虫の性質をうまく利用している**と考えられます。※3

ちなみに白帯は、紫外線を感知できる昆虫全般にたいして目立つため、餌生物だけでなく、天敵となる生き物（カマキリなど）までもおびき寄せてしまう危険性があります。[5] すべての個体が白帯を作らないのは、おそらくこうした無用なリスクを回避するためだと考えられます。

※3／カタハリウズグモは空腹状態に応じて二つの型の白帯を使い分ける。すなわち、餌が多く捕れるときは「線型」の白帯を付けるが、餌が取れずに飢えてくると「渦型」の白帯に変える。この渦型の白帯は、縦糸を中央に引っぱることによって、糸の張力を高める。その結果、小さな餌にたいする感度が増し、クモは小さい餌を捕らえることができる。[4] 白帯は餌を誘引するだけでなく、網の張力の調整機能まで備えているのだ。

満腹になると守りに徹する？

「餌を積極的に捕りに行くこと」と「天敵に狙われるリスク」というのは表裏一体です。白帯の話で触れたように、餌を積極的に誘引することはそれだけ天敵をおびき寄せてしまうリスクも高まります。そのため、クモは満腹状態のときは、できるだけ採餌は控え、守りに徹することが生存上有利だと考えられます。前に述べた「満腹時に網の面積・投資量を小さくする」というのもそうした行動の現れです。

では、守りに徹したとき、造網行動はどのように変化するのでしょうか？

コガネグモ科のクモは、ときに粘着性のない立体的な網を自分の体の前後に張り巡らせることが知られています。これは**バリアー網**[※4]と呼ばれており、天敵に直接攻撃されないような防護壁、あるいは天敵の存在をいち早く伝える早期警戒の役割を担うと考えられていたものの、その詳しい役割は調べられていませんでした。なぜ個体によってバリアー網を設けたり、設けなかったりするのでしょうか？　バリアー網は粘着性を持たない糸でできているため、餌を捕らえるうえでは明らかに邪魔

※4／「迷網」とも呼ばれる。

な構造物です。なので、このバリアー網を作るかどうかは、クモの餌を捕る必要性と天敵から身を守る必要性の両者のバランスによって使い分けられている可能性があります。

私は大学院に進学したての頃に、このバリアー網の使い分けがどのようになされているのかに興味を持ち、ナガコガネグモという種を対象に、個体の空腹・満腹状態とバリアー網の有無との関係を野外で調べてみたことがあります。**各個体がどのくらいの量の餌をこれまで食べたのかという履歴は野外では分かりません。なので、（体の大きさを考慮した）お腹の幅の広さを、満腹状態の指標として、空腹状態と網の形との関係を調べてみました。**その結果、お腹が大きな個体ほどこのバリアー網を作る頻度が高く、逆にお腹が小さな個体ほどバリアー網を作る頻度が少ないことが分かりました[6]。

このことからナガコガネグモは、お腹が満たされた個体ほど、餌捕獲よりも防衛に適した構造の網を作る可能性が示されました。同じような例は、毒グモとして有名なゴケグモ類でも知られています。これらのクモが作る立体網は餌を捕獲するエリア（粘着物質が付いた糸でできた部分）と粘着物質がない糸で囲まれた居住区の2つのエリアに分かれているのですが、お腹が空くと餌を捕獲するためのエリアが大きくなり、お腹が満たされると逆に居住区のエリアが拡大するなど、やはり**お腹の空き具合に応じて網構造を変化させる**ことが分かりました。[7] これらの事例から、クモの網構造は餌捕獲と防御という二つの役割と密接に関わっていることが分かります。

学習による網デザインの変化

ここまでは、網の持つ餌捕獲と天敵からの防御という二つの機能に注目し、それぞれの必要性がお腹の空き具合によって変わることを述べてきました。一方、お腹の空き具合だけでなく、**経験（すなわち学習）によって網の形が変化する例**も知られています。

垂直円網は通常、クモが居座っている中心部を境に、上部と下部とで非対称です。

どのように非対称かというと、普通は下部の領域のほうが、上部の領域よりも広いのです。なぜ上部よりも下部のほうが広いかというと、これは重力が大きく関係しています。どういうことかというと、**クモは上の領域に捕まった獲物よりも下の領域に捕まった獲物のほうが、重力方向に向かってより速く移動でき、獲物に襲いかかるまでの時間を短くすることができる**からです。ところが、この網の非対称性というものもじつは同じ種でも個体によって異なることが知られています。

この違いが何によるものかコガネグモ属（*Argiope*）とナカムラオニグモ属（*Larinioides*）のクモで実験的に調べた研究があります。その実験とは、室内条件下でクモに円網を張らせ、餌を与える量や餌がかかる網の部位（クモが待ち伏せている場所よりも上の部分か、下の部分か）を変えて、餌の捕獲経験や餌のかかる場所がどのように網の非対称性の度合いに影響するのかを調べるというものです。

この実験結果によると、餌をたくさん捕獲した個体ほど、より網の下の部分が広い非対称な網を作ることが分かりました。[8] さらに、過去の経験も網の非対称性の度合いに影響することが分かりました。どういうことかというと、過去6日間のうち、

網の下の部分で最も餌が捕れる経験をした個体ほど、下の部分が広い非対称な網を作ったのです。言い換えれば、網の上部で餌を捕らえる経験をしたクモはあまり非対称な網を張らないということを意味します。つまり、網のどの部分に餌が捕らえられたかということをクモはしっかり覚えていて、その記憶に基づき、餌が捕れやすい形状の網をクモが作っているということが分かったのです。

そもそも網の上下の対称性が個体によって違うという事実も驚きですが、それが過去の餌捕獲の経験の違いを表しているとはおもしろいですね。

環境変化による網構造の変化

クモにとっての網の張りやすさは環境によって変わります。とくに風はクセモノで、風が強い場所に網を張ると、網は風にあおられて壊れやすくなります。また木の枝などのゴミも吹き飛んでくるので、そうした飛来物によって網が壊されてしまう危険性もあります。こうした環境の違いにたいして、クモは敏感です。ゴミグモ

の一種 *Cyclosa mulmeinensis* は、なんと**風の強さに応じて、網を構成する糸の特性や網のデザインを変えている**ことが分かったのです。[9] どういうことかというと、風が強い場所（海岸）にいる個体は、風が弱い場所にいる個体に比べて、枠糸がより太い網を張り、その網を構成する糸のアミノ酸成分も異なっていることが分かったそうです（具体的にはグリシンが多く、グルタミンが少ない）。また糸の特性だけでなく、風の強い場所では網を作るのに使用する糸の総量も少なくなることが分かりました。これはおそらく**糸の量よりもむしろ、糸の質により多くエネルギーを投資した結果**だと考えられます。

この他にも、風によって獲物を網に保持するための粘着物質が乾燥するのを防ぐために、風にさらされている個体は、風にさらされていない個体よりも、横糸に、より大きな粘球を付けることも分かりました。[10] このように、クモは環境に応じて、網のデザインや糸の特性も柔軟に変えていることが分かります。

以上のように、クモは同じ種であっても、個体によって網の形や大きさ、さらに糸の特性まで違うことがお分かりいただけたかと思います。すでに述べたように、こうした違いはお腹の空き具合であったり、過去の経験、さらに網を張る環境などが影響している可能性があるのです。こうした視点でクモの網を眺めると「この子はお腹が減っているのかな？」「お腹がいっぱいなんだなー」や、「この環境ではあまり餌が捕れないんだなー」「この環境では網が張りにくいのかなー」など、**クモの気持ちやクモをとりまく環境が理解できるようになる**かもしれません。[※5] こうしたささやかな違いに目を向けることによって、新たな気づきを得ることができ、自然を観察することの楽しさが一層増すに違いありません。

※5／小学校の自由研究のテーマにもおすすめ。その他の自由研究テーマの例は「第30節 自由研究のアイデア」を参照。

12 クモの網の多様性

円網・立体網・受信糸網

多くの生き物は住居などの構造物を作ることが知られています。たとえば、アリは地中に巣を作りますし、ハチの仲間も唾液や樹皮などを混ぜ合わせて立派な巣を作ります。クモもその代表格で、自身が生成した糸（タンパク質）を使って餌を捕獲するための罠と住居を兼ねた「網」という構造物を作ります。**このように生き物が構造物を作る行動は、自然界において普遍的に見られるわけですが、クモのように自分の体内で生産した物質を使う生き物は、自然界広しといえど類を見ません。**

また、網の形や構造もグループや種によって異なります。網を張るクモはクモ全種の半数、つまり約2万種強が知られているわけですが、それぞれが異なる形の網を作るということです。では、いったいどのような形・構造の網が存在するのでしょうか？　多種多様な網もいくつかのグループに大別することができます。※1

円網・立体網・受信糸網

まず前提として、クモが作る構造物には「網」と「巣（住居）」の二つがあることを解説しておきます。「網」とは住居と餌の捕獲機能を備えたものです。一方、「巣」は単にクモの棲み場所としての機能を持つものです。巣は糸で綴られた袋状のもの、植物を折り曲げて糸で綴ったものであることが多いです。多くの徘徊性のクモは、網は張らないものの、休息用・越冬用あるいは産卵用の巣は作ります。※2　ここでは巣の話題は扱わないことにします。

網の種類の分け方は研究者によって様々ですが、ここでは大胆にも三つに分類したいと思います。一つはみなさんがよくイラストなどで目にする**「円網」**です。これは骨組みとなる枠糸と放射状の縦糸、そして餌を捕獲するためのらせん状の横糸

※1／詳しくは、巻頭の図説「造網性（網を張る）のクモ」を参照。

※2／キシダグモ科のクモは卵嚢やそこから孵った子供を保護するために立体的な網(Nurseryweb)を作る。獲物を捕る機能は備えていない。

で構成された平面状の網です。主に、コガネグモ科（Araneidae）、アシナガグモ科（Tetragnathidae）、ウズグモ科（Uloboridae）のクモによって作られる網です。

二つ目は**「立体網」**です。平面状の円網とは異なり、文字どおり、立体的な構造を持つ網です。よく倉庫や部屋の隅、あるいは生垣などにごちゃごちゃしたクモの網を見かけることがありますが、それが立体網です。構造は多様であるため、詳細は後述しますが、シート状の網とその周りに不規則に張り巡らされた糸で構成されています。種によってこのシート網の有無、形、そして餌を捕らえる仕組み（粘着性があるか？　ないか？）などが異なります。主にサラグモ科（Linyphiidae）、タナグモ科（Agelenidae）、ヒメグモ科（Thomisidae）、ユウレイグモ科（Pholcidae）、ガケジグモ科（Amaurobiidae）のクモがこのタイプの網を張ります。

最後は**「受信糸網」**と呼ばれるタイプの網です。これはクモの棲む住居から数本の糸が放射状に広がったものです。この**受信糸に獲物が触れると、その振動が住居内のクモに伝わり、クモが獲物を目掛けて襲い掛かる仕組み**になっています。糸そのものに獲物を保持する機能はありませんが、餌捕獲に不可欠な役割を果たすため、ここでは「網」として扱いました。地中性のクモのハラフシグモ科（Liphistiidae）の一部、壁面に住居を作るチリグモ科（Oecobiidae）、石の下に住居を作るナミハグモ科（Cybaeidae）、エンマグモ科（Segestriidae）など、系統の異なる様々なグループが、このタイプの網を作ります。

ここからはとくに、メジャーな網タイプである円網と立体網の多様性に目を向けたいと思います。

円網は4種の糸から作る

円網はハロウィンのイラストでもよく描かれるように、みなさんに最も馴染みの深いクモの網だと思います。この円網は、網全体の枠となる枠糸と放射状の縦糸、らせん状の横糸から構成されていますが、じつはこれらはそれぞれ異なる特性を持つ糸でできているのです。

まず、網全体の骨組みとなる縦糸と枠糸は**瓶《びん》状《じょう》腺《せん》**という腺から紡がれる糸であり、この糸は非常に強い強度を持つことから骨組みに適しています。一方、餌を捕獲するための横糸は、**鞭状腺**《べんじょうせん》から紡がれる糸と、**集合腺**《しゅうごうせん》から分泌される粘球から構成されています。鞭状腺から紡がれる糸は非常に伸縮性に富んでおり、獲物が網にぶつかったときのエネルギーを吸収する役割を果たします。そして、集合腺から分泌される粘球は粘着性が強く、網にぶつかった獲物をしばらく網に保持する役割を持ちます。この粘球は横糸に等間隔で配置されています。また網を支える枠糸は樹木や壁などの基質にくっついていますが、この枠糸と基質の付着には**梨状腺**《なしじょうせん》から分泌される物質が使われています。一見、シンプルな構造の円網ですが、このように少なくとも4種もの異なる糸（物質）が使われているのです。

さて、「円網は横糸の粘球によって獲物を網に保持する」と述べましたが、じつはこの獲物が捕まる仕組み自体もクモのグループによって違います。

たとえば、ウズグモ科のクモは粘球を作る出糸器官を持っておらず、代わりに篩《し》板《ばん》という出糸器官を持っています。[※3] この篩板とは、横糸よりもさらに細い糸（直径は約0・01μmつまり10万分の1㎜）を出す器官が集合したものであり、ここから細

※3／篩板糸を使うクモは、ウズグモ科だけでなく、チリグモ科やガケジグモ科など系統的に異なるグループでも見られる。この篩板という器官は元々原始的で、その進化の過程で、様々な系統で失われたと考えられている。

かい糸の塊（パフ）が作られます。ウズグモの横糸には粘糸の代わりにこの細かい糸の塊（パフ）が横糸の周りにコーティングされており、網に捕まった虫はこの細かい糸に脚などが絡まって捕獲されると考えられています。また近年の研究によると、この微細な糸構造（ナノ構造）によって糸と獲物との間にファンデルワールス力[※4]（原子・分子間に生じる引力）が働き、獲物が糸にくっつくのではないかという説も提唱されています。[1] **コガネグモ科とウズグモ科は、網の見た目は同じなのに、一方は化学物質でもう一方は分子間力で獲物を捕まえるという違いがある**のはとてもおもしろいですね。なぜこのような捕獲様式の違いが生じたのかは、まだ分かっていません。

また、同じ円網の中でも、クモのグループによって張る角度が若干違います。たとえば、コガネグモ科のオニグモ、コガネグモなどの多くの種は、地面にたいして垂直に網を張ります。ところが、アシナガグモ科やウズグモ科の仲間は地面に水平あるいは斜めに傾斜した網を張ります。**グループによってなぜ張る網の角度に違いがあるのでしょうか？　詳しく分かっていませんが、おそらくターゲットにする餌**

※4／ヤモリがガラスなど平滑な壁面を歩けるのと同じ原理。

の違いが関係していると考えられます。

たとえば、コガネグモ科は水平方向に飛翔するコガネムシやバッタなどを捕らえますが、アシナガグモ科やウズグモ科などは主に地中や水中から発生する小型のハエ類を捕らえます。これらの小さな餌は水面や地面から発生して上下をふわふわ漂う飛び方をするので、むしろ地面や水面を覆う形で網を張ったほうがより多く、効率的に餌が捕まるのかもしれません[2]。

円網の横糸・縦糸の本数ですが、同じグループのクモでも大きな違いがあります。最もスタンダードな円網を張るのがオニグモやコガネグモの仲間です（横糸の本数はナガコガネグモなどでは40本）。この仲間にたいして、ゲホウグモやジョロウグモなどは極めて縦糸と横糸の本数が多い円網（横糸の数が100本以上に達すること も）を張ります。とくに**ゲホウグモの網は糸が密であり、夜中に懐中電灯で照らすとレーザーディスクのように光輝いて見えるほどの目の細かさ**です。横糸の本数が多いと獲物が網に接触したさいに付着する粘着物質の量が多いため、おそらく大型の餌を捕らえるのに適した構造だと考えられます。逆に、トリノフンダマシなどは横糸と縦糸の本数は極端に少なく、スカスカです（横糸はわずか7～8本）。このクモは糸の本数を減らす代わりに、獲物を捕まえるための粘球を極端に大きくしており、これは普通の円網では捕らえにくいガを捕まえるための適応だと考えられています。**このように円網の縦糸や横糸、そして粘糸の量は対象となる餌生物に対応してダイナミックに変化している**のです。

網のデザインで変化するのは、糸の本数や粘球の大きさだけではありません。網の形自体も変化します。ウズグモ科のオウギグモの仲間（*Hyptiotes* spp.）は、網が円ではなく、その一部を切り取ったような扇形をしています。また、カラカラグモ科のカラカラグモの仲間（*Theridiosoma* spp.）は円網の中央部を糸で引っぱったようなパラボラアンテナ（あるいは風でひっくり返った傘）のような形をしています。このクモは互いに違うグループに属しますが、獲物の捕まえ方は非常に似ています。どういうことかというと、クモ本体が網の中心部で網全体を引っぱる形で待機しているのです。この網の近くに獲物が近づくと、**その振動を感知したクモはそれまで引っ張っていた網をパッと放します。すると緊張状態にあった網は緩み、網はまる**

で矢のようなすごい速度で飛んでいき、獲物を絡めとります。 このときの網の最大加速度はなんと、772・85m／s^2にも達します[※5][3]。その他にもヤマジグモ、ヨリメグモ、そしてコツブグモの仲間などは基本的な構造は円網でありながら、縦糸が立体的に広がった複雑な三次元構造をとります。またスズミグモというコガネグモ科のクモに関しては円網のクモでありながら、サラグモ科のクモのような粘着性のない立体的なシート網を作ります。個々の種がなぜスタンダードな円網から外れた奇抜な網を張るようになったのか、詳しいことはまだ分かっていません。

※5／ペルーに分布するカラカラグモの仲間の網の加速度は600m／S^2である[4]。チーターの加速度（13m／S^2）とは比べ物にならない。

様々なタイプの立体網

立体網は、サラグモ科、ヒメグモ科、タナグモ科などが作る、その名のとおり立体構造を持つ網です。同じ立体網でもグループによって大きく構造が異なります。たとえば、サラグモ科のクモは主にシート状の網とその上部に不規則な糸（迷網《めいもう》）が張り巡らされた構造になっていますが、ヒメグモ科では、サラグモ科と同じような構造を持つものからシート網がないもの、不規則網の部分に枯れ葉や土で作った住居を設けるもの、[※6]さらに基質と付着している糸に粘着物質を付けるものなど、じつに多様です。

タナグモ科に関してはサラグモと似たような構造の網を作りますが、シートの末端あるいは一部に管状の住居を設け、そこに潜んでいます。またサラグモはシートの下部にぶら下がりますが、タナグモ科の場合はシートの上部を移動するという違いがあります。サラグモ科のシート網は平らなものもあれば、お椀型のもの、それを伏せたドーム型のものもあります。捕獲面の形状がなぜこのように多様なのか、その理由はよく分かっていません。

立体網が獲物を捕まえる仕組みは大きく二つあります。一つは**ノックダウン方式**というものです。基本的にこの捕獲様式を採用した網は、糸に粘着物質はありませんし、ほぼ必ずシート状の網を含んでいます。獲物を捕まえるプロセスですが、まず飛翔している獲物が密に張り巡らされた不規則網の部分に衝突し、下にあるシートの部分に落下します。するとシートで待ち構えていたクモが獲物の振動を感知し

※6／こうした網の中に設けられた住居は、トカゲなどによる捕食率を下げる効果が知られる。[5]

て、獲物を捕らえるという流れです。もう一つは**ガムフットトラップ方式**というものです。この網には葉っぱや壁、地面などの基質に接触している糸の一部に強力な粘着物質がくっつけられています。この構造はガムフット（Gum-foot）と呼ばれています。ガムフットは他の網を支える糸とは違い、基質から外れやすい構造になっています。[6] 試しにピンセットなどで軽くこの糸に触れると自動的に基質から外れることが確認できます。この糸に地面や植物体上を徘徊する虫が触れるとどうなるのでしょうか？　粘着物質によって虫が糸にくっつくと同時に、それまで基質に接地していた糸が外れ、虫はたちまち宙づりになってしまうのです。この**空中でもがく虫の振動を聞きつけ、住居で休息していたクモがゆっくりと這い出し、宙づりになった虫を捕らえる**のです。

以上のように立体網は一見似たような構造をしているのですが、ノックダウン方式では飛翔昆虫を、ガムフットトラップ方式では徘徊性昆虫を捕らえるというふうに、捕らえられる餌に大きな違いがあるのです。サラグモ科やタナグモ科は主にノックダウン方式を採用していますが、ヒメグモ科のクモではどちらの捕獲様式も見られます。たとえば、ニホンヒメグモ（*Nihonhimea Japonica*）はノックダウン方式ですが、オオヒメグモ（*Parasteatoda tepidariorum*）やゴケグモ類（*Latrodectus* spp.）などはガムフットトラップ方式の網を採用しています。

立体網の網構造は種によって多様です。網を張る場所も樹上から落葉層、そして崖のくぼみの隙間と多様であり、それに応じて、不規則網の部分の大きさやシートの広さなども違います。極端な例として、**ガムフットトラップ方式を採用したクモのなかには、ツリガネヒメグモやヒシガタグモの仲間のように、住居から直接粘着性の糸を地面に伸ばすなど、不規則網の部分を省いたものもあります。**ここで立体網の構造のすべてを紹介することはできませんが、これらの餌捕獲様式のパターンや網構造との対応に注目してみると、それぞれの網の持つ機能や意味に気づくことができ、クモの網の観察が一層楽しくなると思います。

網はどう進化してきたのか

ここまでの説明で、グループによってまったく異なる捕獲様式・構造の網を作ること、さらに同じグループのクモでも、種類によってまたその形や構造が異なることがお分かりいただけたかと思います。では、この網の形はどのように進化してきたのでしょうか?

円網は立体網に比べて糸の数も少なく、さらにデザインも幾何学模様で洗練されているので、立体網から円網が進化してきたのではないか……という印象を抱く人がいるかもしれません(私も第一印象はそうでした)。ところが真実は逆です。**平面上の円網を作るクモが祖先的で、その一部から立体的な網を張るクモが出現したこと**が、最近の分子系統解析の結果から支持されています[7]。

円網から立体網が生じる理由はなんだったのでしょうか? 自然選択の観点からすると、**立体網にはなにかしら進化的に有利な点があったはず**です。その一つの理由として**狩りバチなど天敵からの防御機能が考えられています**。円網は少ない糸の投資量で餌を捕まえられるという点では確かに経済的ですが、一方で天敵※7からの防御は手薄です。なぜなら平面ゆえにクモは体がむき出しになっており、いざ天敵に

※7/その生き物のことを食べたり寄生したりする生き物。詳しくは、「第16節 クモの天敵たち」を参照。

襲撃されたとき、直接体を攻撃されるリスクが高いのです。

一方、立体網はどうでしょうか？　クモは普段不規則網など糸で何重にも守られた場所に待機しているため、天敵から直接攻撃を受けるリスクは少ないのです。実際、立体網を張るクモは非常に種数が多いにも関わらず、狩りバチに捕獲される率は少なく、むしろ円網を張るクモのほうが多く狩りバチに利用されるようです。**ヒメグモ科やサラグモ科は進化的に新しいグループにも関わらず非常に種数が多いわけですが、この爆発的な多様化は天敵からの防衛に成功した結果ではないか**とも考えられています[8]。コガネグモ科など円網を張るグループの一部でも二次的に立体網を張るクモ（スズミグモ属）が生じていますが、これも天敵にたいする適応なのかもしれません。

網が違えば生き方も違う

立体網と円網を張るクモは同じ造網性のクモですが、獲物の捕まえ方がまったく違うことが分かりました。そして、張る網の違いによって、クモには様々な興味深い生態的な違いが見られます。

たとえば、網の張り替え頻度や引っ越し頻度です。円網を張るクモは餌捕獲を横糸の粘着性に頼っているため、餌がかかったり、あるいは網にゴミがくっついたりするたびに粘着力は落ち、毎日糸を更新したり、網を張り替えねばなりません。※8 そのため、仮に立派な網を作ったとしても、すぐ全体を張り替えなければならないことから、一回の糸の投資量はそれほど多くなく、そして餌条件が悪ければすぐに別の場所へと引っ越します。

一方、立体網は必ずしも糸の粘着性に頼っているわけではありませんので、毎日すべての糸を更新する必要はなく、部分的な補修のみで済みます。またハチなど天敵にたいする防御も完璧なので、夜も昼も餌を捕らえることができます。なので、一度立派な網を作ってしまえば、そこそこうまくやっていけることから、網を構成する糸の量も多く、網を放棄する率も少ないようです（ただし、メンテナンスが楽な分、エサが捕まる頻度は、円網性のクモに比べて低いようです）。つまり、**円網**

※8／円網性のクモは糸を食べて網を回収し、エネルギーをリサイクルする。[9] 一方、立体網を張るクモではこのような行動は見られない。

性のクモにとって網は一時的な住まいであるのにたいし、立体網を張るクモにとっては網は立派な一戸建てという違いがあり、より多くエネルギーを投資した住居ほど、そう簡単に手放したり引っ越しできないというわけです。[10] 網の性質の違いは餌捕獲だけでなく、クモの様々な習性にも影響を及ぼしていることが理解できます。

以上、クモの網の多様性とその進化、そして網の形に伴う生態的な違いを簡単に紹介してきました。クモの網というと、部屋の隅に埃がひっかかって汚い印象があったり、あるいは山を散策中に顔にひっつくなど、嫌な経験をしたことがある人も多いと思いますが、こうした進化的・生態的な背景を知ることによって、また違った見方ができるのではないでしょうか。

13

網を作らないクモたち

クモのルーツを探る重要な存在

これまでの節では、クモの最大の特徴である「網」を作る習性について詳しく説明してきました。網を張るクモは、すべてのクモのうち半分ほどで、残りのクモは網を張りません。では、網を張らないクモたちの暮らしぶりはいったいどんな感じなのでしょうか？

ここでは、あまり一般の方々には馴染みのない徘徊性のクモたちの暮らしぶりを紹介します。

地中に棲むクモ

　クモの祖先に当たる原始的なクモは、もともと地中に穴を掘って棲んでいました。[※1]この地中に穴を掘る代表的なクモとして、ハラフシグモ科（Liphistiidae）、トタテグモ科（Halonoproctidae）、ジグモ科（Atypidae）の仲間が当てはまります。これらのクモは崖地などに穴を掘り、穴の壁面を糸などで補強します。ハラフシグモ、トタテグモの仲間はこの穴の入り口に土を糸で綴った扉を設けます。クモはこの扉の後ろで待ち受け、近くを通ったダンゴムシやワラジムシなどの徘徊性の節足動物などを捕らえます。**ハラフシグモの中には穴から放射状の受信糸を引くもの**もいて、それらは巣穴から離れた獲物も捕らえます。

　トタテグモの巣とハラフシグモの巣の構造は似ていますが、トタテグモのほうが進化的にはより新しく、扉の作りもより頑丈です。おもしろいことに扉の構造も種類によって異なり、キシノウエトタテグモでは片開きの扉であるのにたいし、カネコトタテグモ科（Antrodiaetidae）のクモは、観音開き（両開き）の扉を作ります。

※1／いわゆる、ジグモと呼ばれるクモ。

また、シリキレグモの仲間（*Cyclocosmia*）はおしりの末端が平らでしかも硬くなっており、天敵に襲われると扉の代わりにこれで巣を塞ぎます。地中に棲むクモと言いましたが、なかにはキノボリトタテグモの仲間（*Conothele* spp.）ように、樹木の幹の上に、樹皮で作った扉付きの住居を作るものもいます。

ジグモの仲間はトタテグモやキムラグモと違って、穴を掘るだけではなく、そこに管状の巣を作ります。長い住居の下半分は地面に埋まっており、上半分は基質（樹木やコンクリート壁）に付着しています。**他の地中性のクモと同様、地上部の巣に触れた獲物に反応し、巣の袋越しに強靭な牙で獲物を突き刺します。**ジグモの仲間も種類によって巣の構造が異なり、たとえばワスレナグモなどは、ジグモのような管状の巣は作らず、ただ平らな地面に垂直な縦穴を掘るだけです。またこの地中性のクモの中には、縦穴の途中でさらに分岐した隠れ部屋を作るものもいます。これは天敵生物が穴に侵入したとき、あるいは洪水などにより浸水したときのための避難路のようです。

地中性のクモは地味な生活ぶりではありますが、地面を掘るために上顎の突起が

発達したものが多く、見た目が非常にがっしりしています。また動き方も重々しく原始的なクモの風格が漂っています。これらのクモの大きな特徴は牙の付き方です。新しいクモの仲間※2（いわゆるフツウクモ下目）は上顎が左右に稼働するのにたいして、これらのクモはあごが前後に稼働します。地中性のクモは普段なかなか人目に触れることはありませんが、普通に見られるクモとは体の構造に様々な違いが見られます。ぜひ実物を観察していただきたいところです。

※2／詳しくは「第26節　クモの体」を参照。

地表を徘徊するクモ

地表を徘徊するクモには、コモリグモ科（Lycosidae）、ウラシマグモ科（Phrurolithidae）、ワシグモ科（Gnaphosidae）、キシダグモ科（Pisauridae）、ホウシグモ科（Zodariidae）、そして一部のハエトリグモ科（Salticidae）などが挙げられます。これらのクモは文字どおり、地表でじっと待ち伏せたり、あるいは動き回って獲物を捕らえます。必ずしもすべてが近縁な仲間というわけではなく、様々なグループで徘徊性のクモが独立して生じています。習性も夜行性か昼行性かで大きく異なります。夜行性のコモリグモなどは、日中は地中に掘った巣に潜んでいます。コモリグモ科の仲間は、数が多く普遍的に見られる捕食者としてよく研究がなされています。とくに**畑における天敵として重要な役割を果たしており**、その数が決定される要因、さらに種間の関係性（食う・食われるの関係）なども調べられています[1]。ホウシグモにはアリを捕食するのに特化した種が多く、日本にいるドウシグモという種もアリを専門に食べることが近年の研究で明らかにされました※3。その他のグループはコモリグモに比べるとあまり生態的な研究は多くありませんが、ワシグモ科などは最近、少しずつ生態的な研究が進んでおり、この中にはクモを専門に狩る種がいるなど、興味深い事実も分かってきました[2]。

※3／詳しくは「第15節 クモは何を食べるのか」を参照。

草本・樹木の上のクモ

カニグモ科（Thomisidae）、コマチグモ科（Cheiracanthidae）、ハエトリグモ科

(Salticidae)、ササグモ科（Oxyopidae）、フクログモ科（Clubionidae）などのクモは、植物の上で狩りを行うクモの代表格です。カニグモ科のクモは待ち伏せ、ハエトリグモ科やササグモ科はアクティブに動き回って獲物を捕らえます。カニグモ科などは植物との結びつきが強い種で、特定の植物の上を好んで待ち伏せるものもいるようです。[3] コマチグモ科は植物体を折って住居にするものが多いです。普段休息する住居と産卵用の住居では住居の形は異なり、産卵用の住居はより強固かつ大きくなります。

草本《そうほん》だけでなく、樹木の葉っぱや幹に生息するクモもおり、そのグループとしてアワセグモ科（Selenopidae）、ヒトエグモ科（Trochanteriidae）、エビグモ科（Philodromidae）、イヅツグモ科（Anyphaenidae）のクモが挙げられます。最近分かったことですが、熱帯林に生息するアワセグモ科の仲間には、滑空を行うことで樹間を移動するものがいるようです。[4] 植物上にいるクモの多くは、直接的・間接的に植物の生育に影響を及ぼしています。たとえば、熱帯では食虫植物のウツボカズラと共生関係にあるカニグモも見つかっており、**クモは植物に近づいた獲物を捕ら**

え、そのおこぼれをウツボカズラが養分として吸収するというユニークな共生関係が明らかになっています。[5] またカニグモ科のクモは花の上で植物の花粉媒介を行うハチやアブを捕らえるため、植物に間接的にマイナスの影響を与えることも知られています。とくに学習能力の高いハナバチの類はカニグモの存在に気づくとその花を避けるようになるため、植物の受粉には悪影響を及ぼします。[6][7] 一方でクモが存在することによって植物を加害する植食《しょくしょく》性昆虫※4から守ってくれる側面もあります。

こうした個々の種と植物の関係には様々な研究がありますが、**実際の自然条件下ではあらゆるクモと植物、そしてその他の昆虫が複雑に関係し合っているわけです。それがすべて合わさったとき、クモは果たして植物にとってよい存在なのか、それとも悪い存在なのでしょうか？　そのことはまだ誰も知りません。**

網を張ることをやめたクモ

造網性のクモの一部には、二次的に網を作る習性を捨てたクモも知られています。

※4／植物を食べる昆虫。農業においては野菜を食べられるため、「害虫」といわれることもある。

アシナガグモ科のキンヨウグモ（*Metellina ornata*）などは足場となる糸のみを設けて近くを通りかかる獲物を捕らえます。またメダマグモ（*Deinopis* spp.）などは第一・第二歩脚に小さな網を持った状態で糸にぶら下がっており、下を通りかかる虫に網をかぶせて捕らえます。ハワイのカウアイ島に固有の一属一種のアシナガグモの *Doryonychus raptor* は、**第一脚・第二脚の爪が異常に大きくなっており、その爪を獲物に突き刺して捕らえる**という習性を持ちます[8]。この獲物を突き刺す習性は他のクモには見られないユニークなものです。アシナガグモ科のアゴブトグモ属（*Pachygnatha*）のクモも幼体の頃は円網を張るのですが、成体[※5]になると網を張るのをやめて、歩いて獲物を捕らえます。このように**アシナガグモ科ではとくに網を作る習性を放棄する種が多い**ようです。

網を作るのはそれなりにエネルギーのコストがかかるため、もしかしたら、これらのクモが生息する環境では、徘徊して餌を捕らえるほうがより（エネルギー収支の観点から）経済的なのでしょうか？

徘徊性のクモは全体的に地味なクモが多いですが、生態的に重要な役割を果たす

※5／孵化してから最初の姿を幼体、成熟してからの姿を成体という。

ものも少なくありません。とくにコモリグモの仲間などは、農地の害虫の天敵として古くから重要な役割を果たすことが知られていますし、植物との共生関係・餌への特殊化など、生物間の関わり合いの観点からも非常に興味深いグループです。日本でも造網性のクモに比べると圧倒的に生態についての研究例が少ないので、今後おもしろい発見が期待されます。

14 クモの社会

集団で生活するクモもいる

クモは基本的に群れない、孤高の存在です。生まれた直後の団居という状態のときにしか集団で生活しませんし、同じ容器に入れると共食いをします。しかし、世界には群れを成して集団で生活するクモというものがいるのです。これは一般的に社会性クモと呼ばれており、ヒメグモ科を中心に、イワガネグモ科のムレイワガネグモ属（*Stegodyphus*）、タナグモ科のクサグモ属の一種（*Agelena consociata*）、コガネグモ科の *Metepeira* 属、ウズグモ科、ハグモ科といった造網性のクモ、さらにヤマシログモ科、ササグモ科、カニグモ科、アシダカグモ科など徘徊性のクモでも見られ、世界で20種強が知られています。[1] 4万8000種のうちの20種強なので、極めて種数は少なく、日本では見られません。

さて、**ここでいう社会性とは、「個体同士が協力しあう」という意味合い**です。アリなどの社会性昆虫を想像してもらうと分かりやすいですが、一緒に網を作ったり同じ網の上で生活したり、大きな餌を集団で襲うという行動が見られます。ただし、アリのような「真社会性」の動物とは違って、集団の中に兵アリ働きアリのように子供を産まない不妊カースト（階級）は存在しません。また種によっては他個体の子育ても行います。多くのクモでは網に侵入してきた他個体は敵あるいは餌とみなすため、クモの中では大変ユニークな行動といえるでしょう。ただし、社会性の度合いは種によって違います。ずっと協力しあうものもあれば、一時的、あるいはある条件下でしか協力しないものまでいます。また群れはするけれども各個体で縄張りを持つものいますし網同士が連結しているだけのものもいます。ここでは、高度な社会性が見られるムレアシブトヒメグモを中心に変わったクモの社会を見てみましょう。

ムレアシブトヒメグモの社会

ムレアシブトヒメグモ（*Anelosimus eximius*）は南米に分布する種で、コロニー[※1]と呼ばれる極めて巨大な網を集団で作ります。**一つのコロニーにはなんと数百から千匹以上の個体が棲んでいます。**そんなクモの網はなかなか想像できないでしょうが、人間よりも大きな糸の塊を思い浮かべていただけたらと思います。アシブトヒメグモを含む社会性のクモは、異なるコロニーへの個体の移動は限られているため、基本的にコロニー内のメンバーと交配します。そのため、コロニー内での血縁関係が強く、つまり親戚同士で集まっているような状態になっています。本種では詳しく分かっていませんが、社会性のクサグモ *Agelena consociata* では、コロニー内では同種かどうかは体表面の化学物質（フェロモン）で見分けているようです。ですので、**化学物質を取り除いたクモをコロニーに放すとたちまちコロニーのメンバーに攻撃されてしまう**ようです。[2]

※1／定住する生物の集団。

巣内での分業

社会性昆虫であるアリでは働きアリの間で分業というものが見られます。たとえば、ある働きアリは、餌探しを主に担当するが、別の働きアリは幼虫の子守りを担当するなど、個体によって働く内容が違います。社会性のクモではどうなのでしょうか？　興味深いことに、最近の研究では社会性のクモにおいても攻撃的なタイプとおとなしいタイプなど個性があることが分かりました。この性格が違う個体では仕事の内容も異なることが分かってきたのです。たとえば攻撃的なタイプはコロニー（巣）にかかった大型の昆虫・獲物を攻撃しにいきます。一方、おとなしいタイプの個体は主に巣の掃除や子育てをする傾向が強いようです。実際、個体レベルでそれぞれの仕事を比較してみると、**おとなしいタイプは餌を捕らえるのが苦手なのですが、逆に攻撃的なタイプは子育てが苦手なようで、仕事の質に差があるよう**です。これらの個性の異なる個体がそれぞれ得意な仕事をすることによってコロニー内の秩序が保たれているそうです。[3]　おもしろいことにコロニーのおかれた環境・場所によっておとなしいタイプと攻撃的なタイプの割合が異なるそうです。たとえば、餌が少ない環境では攻撃的なタイプが多いが、餌が豊富な安定した環境ではおとなしいタイプの個体割合が多いという違いです。これらの性格の異なる個体の比率を実験的に変えたコロニーを野外に作ってみると、おとなしい個体と攻撃的な個体の比率が自然の集団に近い集団ほどコロニーの存続率が高いことが分かりました[4]。このことはつまり適切な人員の配置が集団の存続に大切だということを意味しています。これは人間の社会にも通じそうな話ですね。

非社会性クモとの生態の違い

社会性のクモでは、単独性のクモ（すなわち非社会性クモ）とは違って、互いに協力しあいながら生活しています。ですから一人でシビアな生活をする非社会性のクモとは様々な習性の違いが見られます。たとえば一個体あたりの産卵数が（近縁な非社会性のクモに比べて）少ないことが分かっています[2]。これはコロニーにいる他のメンバーによって子どもが手厚く保護されているため、子どもの死亡率が低く、大量に卵を産む必要がないためだと考えられています（ただし、種によって例外もあります）。またこれに関連して個体の寿命も長いことも知られています。これも集団で生活するため、餌不足などに悩まされる心配が少ないからなのかもしれません。同じような傾向が社会性昆虫でも見られます。また、**コロニー内ではメスとオスの比はメスに偏っていて、オスが極端に少ない**ことも知られています。

社会性の進化と崩壊

社会性クモのおもしろいところは**必ずしも社会性が永続的なものばかりではない**ということです。じつは同じ種であっても場所によって社会性が発達していたり、しなかったりします。ムレアシブトヒメグモでは、標高が高い地域ではコロニーのサイズがどんどん小さくなり、どんどん集団で生活しなくなることが知られています[5]。これは社会性が何によって保たれているのかを解く大きな手掛かりになります。

重要な要素として考えられるのは餌です。集団でいることの一つのメリットは、一個体では捕れない巨大な獲物を、集団で襲うことによって捕らえることができる点です。[6] 社会性クモは主に熱帯などの低緯度地域では見られるのですが、高緯度地域（すなわち温帯域）ではまったく見られないという地理的な傾向があります。熱帯地域は、温帯では見られないような大型の昆虫が豊富であることが知られていますが、おそらく大型の餌が豊富なところでは、集団で生活することは単独で暮らすよりも、餌獲得の面で有利であるため、集団生活が進化しやすいのだと考えられます。※2

※2／この理屈はおそらく緯度だけでなく、標高にも当てはまる。高標高地域になると気温が下がり、餌となる大型昆虫の数が減るため、同種であっても集団生活をするメリットがなくなるのだと考えられる。

集団で網を張るクモ

ここまでは高度に発達した社会性クモの習性を紹介しましたが、もっと単純にただ集まっているだけのクモもいます。すなわち、網は連結するけれども、個々の網でエサを捕らえる *Metepeira* 属のクモがそれに該当します。このクモは先に述べたアシブトヒメグモのように、餌捕獲も協力しなければ、子育ても互いに協力しません。お互い特に関わりあわないのに、なぜ群れるのでしょうか？　この一つの理由として考えられるのが、網が複数集まると網構造が複雑になり、餌が逃げにくくなるという説です。**この、一度取り逃がしたものが他の近接する網に捕まりやすくなる効果、この取りこぼしが少なくなる現象は「跳ね返り効果（ricochet effect）」と呼ばれています。**[7] つまり、互いに餌捕獲を協力しなくても群れることで、一網あたりの餌捕獲数が高くなるのです。直接助け合わなくても、集まることで互いに利益があるというのはなんともおもしろい現象ですね。

最初にも述べたように、残念ながら、日本では社会性のクモは見られませんが、たとえばジョロウグモが互いに連結した網を張ったり、あるいはジョロウグモの網の中にアシナガグモや他の円網を張るクモが入れ子状に網を張るなど、ちょっと社会性のクモを連想させるような行動は見られます。もしかしたら、これらのクモ同士でも、餌の「跳ね返り効果」が期待できるのかもしれません。私自身も社会性クモは写真でしか見たことがないので、いつかこの目で見たいものです。

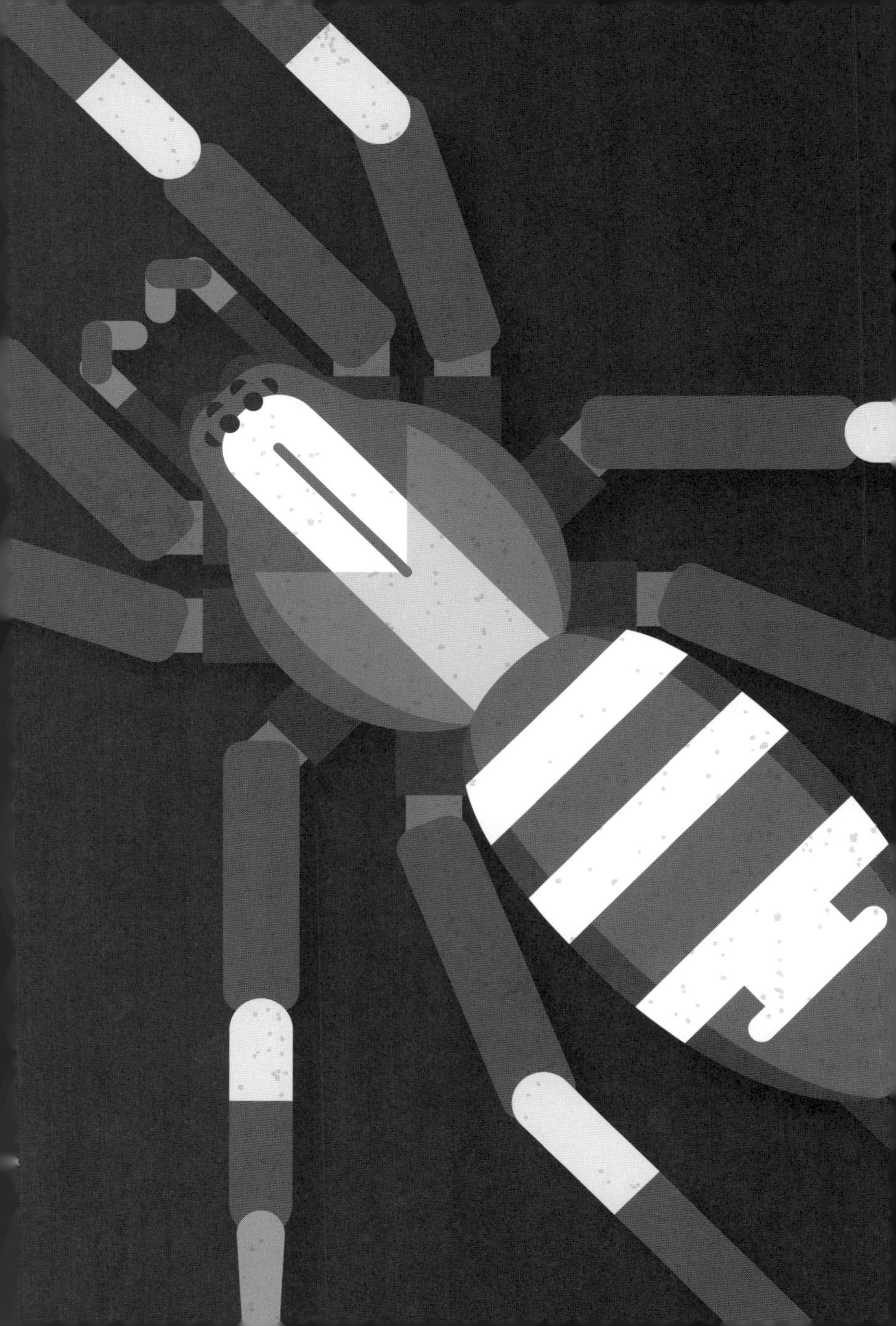

Capter

3

クモの生き方・知られざる一面

15 クモは何を食べるのか

偏食家と健啖家と

「ジェネラリスト」「スペシャリスト」という言葉を聞いたことはあるでしょうか。ジェネラリストとはいわばなんでも屋、スペシャリストは一つの分野に突出した専門家。生き物でも何を餌として利用するかでこの用語が使われます。

クモは一般的に、生きているものはなんでも食べる「ジェネラリスト捕食者」と呼ばれています。しかし、4万8000種もいるクモの中には、一部、特定の餌生物に頼る変わり者（スペシャリスト）もいます。ここではそんなおもしろい偏食家のクモたちを紹介します。

アリだけを食べるクモ

アリは集団で狩りを行い、一部ではギ酸[※1]という毒を持ちます。そのため、強力な捕食者として、一般的にクモが敬遠する獲物です。しかし、アリは世界中のどこにでもいる普遍的な存在、一度これらを餌資源として利用できるようになれば、枯渇することのない魅力的な餌資源へと変わります。クモの仲間でもアリを利用するグループがいくつかいます。

たとえば、オビハエトリグモ属の仲間（*Siler*）はアリを専門に狙う代表的なグループです。その狩りの方法として、クモはアリの群れの傍らに待機し、狙った個体を執拗に攻撃します。[※2] **アリに特異的な毒なのでしょうか？　一度でも咬まれてしまったアリはだんだんと弱り、最終的に死んでしまいます。**オビハエトリグモ属のクモは一度攻撃を与えたアリをずっと追跡し、そのアリが群れから外れたところで再び咬みついて、安全な場所でゆっくり食事を行います。またオビハエトリが狙うのは成虫だけではありません。アリが巣の引っ越しを行うさいには、働きアリが運ぶ

※1／「蟻酸」と書く

※2／日本には、本土に分布するアオオビハエトリ（*Siler cupreus*）、沖縄県の八重山諸島に分布するカラオビハエトリ（*Siler collingwoodi*）、そして沖縄諸島・奄美群島に分布する*Siler rubrum*の3種が知られている。

幼虫や蛹を盗んで食べることもあります。
アリに特化したグループとしては、ホウシグモ科（Zodariidae）のクモが知られています。「ホウシ」の名前は頭部の形状が丸みを帯び「法師」を連想されることに因《ちな》みます。この仲間はアリを主な餌としますが、種によってその特殊化の度合いが違います。たとえば、欧州に分布する *Zodarion germanicum* という種は極めてアリに特化した種で、アリ以外を攻撃しませんが、他種ではアリ以外の生き物を食べることも報告されています。[1] また、見た目はほとんど同じなのに、じつは餌とするアリの種が違うなど、生態が異なる別種であることが判明した例も知られています。[2] 日本のホウシグモ類は、近年、この科に属するドウシグモ（童子蜘蛛）という種もアリを専門的に狙うことが小松貴博士によって明らかにされています。※3[3]
アリを狙うクモというのは徘徊性のクモだけではなく、様々なグループで見られます。たとえば、造網性のクモであるヒメグモ科（Theridiidae）のミジングモの仲間や、ヒシガタグモの仲間もアリを狙います。これらのクモは、普段はアリが襲ってこない宙空に糸で静止していますが、アリが真下を通りかかると、上から襲い

※3／ハシエグモ科（Ammoxenida）という日本にはいないクモの中には、一種のシロアリのみを生涯にわたって利用するものがいる。[4] 他にこのように特定の種だけに特化したクモはまだ知られていない。

かかります。また、**ヒシガタグモの仲間は、粘球が付いた糸を地面に垂らし、それに触れたアリをつり上げます**。ミジングモの仲間は日本にも複数種いるが、種によって狙うアリが異なります[5]。その他の徘徊性クモとして、トラフカニグモの仲間もアリを狙うことで知られています。

これまで述べたクモは、主に巣外で活動しているアリを狙っていますが、**大胆にも、アリの巣の中に生息するクモもいます**。それは、ウラシマグモ科のウスイロウラシマグモという種です。これは、トビイロシワアリという特定のアリの巣の中に見られ、アリの幼虫や蛹などを餌として利用していると推測されています[6]。アリの場合、同じコロニーの個体を体表面の化学物質（炭化水素）の組成を基に識別しており、その組成が近いものを仲間として認識しています。アリの巣を利用する昆虫はハネカクシやアリヅカコオロギなど様々な生き物がいますが、こうした生き物は、同じコロニーのアリと組成が同じ炭化水素を身にまとうことによって、巣のメンバーになりすましていると考えられます。おそらくウスイロウラシマグモ、そしてその他のアリを襲うクモもなんらかの化学擬態をしていると考えられますが、詳しいことはまだ分かっていません。

ガだけを食べるクモ

ガの仲間は極めて種数が多く、さらに個体数も多い昆虫のグループです。にも関わらず、網を張るクモにとっては、とても利用しにくい餌生物の一つです。なぜでしょうか？　それは翅にまとった鱗粉です。この鱗粉は、クモの網に触れると翅の表面から剥がれ落ちるため、一度クモの網に捕獲されても鱗粉を剥がすことで脱出が可能なのです。このガに特化したグループが、トリノフンダマシ亜科のクモです。[※4]

トリノフンダマシは粘着物質を強力にすることでガを捕らえていますが、それとは異なる方法でガを捕まえるクモがいます。それは南米に生息する「はしご網」を張るオニグモの仲間（*Scoloderus*）で、このクモは垂直円網の上にはしご状の極めて縦に長い網を連ねます。[※5][7] その長さはなんと1ｍにも達します。ガはクモの網に捕まると、もがいているうちに翅表面の鱗粉がはがれて網から逃れると第7節で述べま

※4／詳しくは「第7章　ガを食うクモ」を参照。

※5／はしご網を張るクモはアシナガグモ科やコガネグモ科など異なるグルー

した。しかし、はしご網のように網が縦に長い場合だと、一度網から逃れても再び転がった先で網にくっつきます。これを繰り返してころころ下に転がっていくうちに、鱗粉は完全に剥がれ落ちてしまい、やがてガはクモが待ち構える網の最下部で捕えられてしまいます。つまり、網の形を工夫することによってうまくガを捕まえているのです。同じ生き物に特化するにしても、餌の捕獲法にいろいろなやり方があるのは大変興味深いです。

ワラジムシを食べるクモ

ワラジムシやダンゴムシもまた、誰もが知る私たちに親しみのある生き物です。これらの仲間を専門に食べるクモというものがいます。それはイノシシグモの仲間です。このイノシシグモ（Dysderidae）、あごの形が種によって違います。とてもまっすぐに伸びたもの、曲がっているもの、など少なくとも3タイプが知られています。どうもあごの形が違う種ではワラジムシやダンゴムシの襲い方も違うようで

プで見られ、その代表的な仲間（属）として *Telaprocera*（オーストラリア）*Herennia*（アジア・オーストラリア）*Clitaetra*（アフリカ）・*Cryptaranea*（ニュージーランド）などが挙げられる。ちなみにはしご網を張るクモは通常、網の下部ではなく上部で待ち構えているため、*Scoloderus* の張る網は、「逆はしご網」と呼ばれている。これらすべてのクモは必ずしもガに特化しているわけではない。

す。ワラジムシやダンゴムシは背面に硬い甲羅を持つため高い防御力を誇ります。しかし、**平らなあごを持つイノシシグモはこの甲羅と甲羅の間の隙間にあごと牙を差し込むことによって、ワラジムシの防御をかいくぐっているようです**。また窪んだ鋏角を持つ種は、防御が手薄なワラジムシの腹側に鋏角を差し込み、ワラジムシの体を腹側から噛みつきます[8]。

ちなみにワラジムシの仲間は栄養的にはあまりよい餌ではないようです。しかし、他のクモがあまり利用しない餌なので、これらに特化することによって餌の競合を避けたり、餌が利用しやすくなっているのかもしれません。残念ながら、イノシシグモは日本には分布しないのですが、同じような習性を持つクモが日本にもいるのではないかといわれています。ただし、正式な研究発表はまだなされていないので、今後の進展に期待したいところです。

植物を食べるクモ・その他の餌を利用するクモ

植物を食べるクモ、網に付いた花粉を食べたり、蜜を食べる例は少しだけ知られていました。[9] しかし、主要な餌資源として植物に特化したクモは20世紀までは知られていませんでした。今から10年ほど前にアリ植物[※6]に生息するハエトリグモ(*Bagheera kipling*)は、アリ植物の栄養体(植物が中に棲まわせているアリに提供する餌資源)に強く依存していることが判明しました。[10] 今のところ植物を主な餌資源として利用している種は本種しか確認されていません。

ここに紹介したクモ以外にクモを専門に狙うクモ(センショウグモ、ヤリグモ、カナエグモ)、血を吸ったカを好むクモ(マミジロハエトリの一種)[11]、昆虫の死骸を好んで食べるクモ(イトグモの一種)[12]などがいます。クモは直接観察では、何を食べているのかを判断するのが難しいため、まだまだ食性が分かっていないクモはたくさんいます。一方、DNA解析技術の発達により、現在、直接観察ではなく、クモのお腹の中の内容物のDNAを調べることでクモが何を食べているのかが分かるようになってきました。[13] 技術の発達で、これまで直接観察では解明することのできなかったおもしろいクモの採餌生態が分かるようになるかもしれません。

※6/アリと共生関係を持ち、アリを棲まわせている植物。アリは植物を他の植食性の動物から守り、さらに排泄物を出すことで植物にとって栄養分となる肥料を提供する。一方、アリ植物は蜜や栄養となる小粒(Beltian body)などの餌資源をアリに提供する。

16 クモの天敵たち

クモを狩る、一枚上手な捕食者たち

クモは捕食者として自然界では恐れられる存在です。

しかし、ハチや鳥など、そのクモを獲物とするさらに一枚上手な捕食者もいます。すでに説明したようにクモは糸を自由自在に扱ううえに、昆虫を仕留める強靭なあごや毒で武装しています。捕食者はこの手強いクモをどのように仕留めるのでしょうか？　ここでは主にクモを専門に狩る生き物たちにスポットを当て、その巧妙な採餌行動を紹介したいと思います。

最大の敵はハチ

クモにとって最も脅威的なグループ、それはハチです。一概にハチといっても非常に種類が多く、なかには植物を専門に食べるもの、ミツバチやハナバチのように花粉を食べるものもいるなど、様々なグループが存在します。その中でクモの天敵となりうるのは、腰が細くくびれて、さらに腹部の先端に毒液を注入する針を持っているグループ。分類学の専門用語でいえば、細腰《さいよう》亜目《あもく》の有剣類《ゆうけんるい》に属する仲間です。

クモの天敵として有名なハチとして、クモバチ類（昔はベッコウバチと呼ばれていました）が挙げられます。この仲間は名前のとおりクモを専門に狙い、捕らえたクモを自分の子ども（幼虫）の餌にしてしまうのです。**その手順は、まずクモバチはクモを捕らえると、腹部にある針で毒液を打ち込んで麻痺させます。身動きのとれなくなったクモはハチによってあらかじめ地面に掘られた巣穴まで運ばれ、体に一つの卵が産みつけられます。**ハチは巣穴を丁寧に土で塞いだ後、再びクモを狩りにいきます。

やがて巣穴の中で孵化した幼虫は、その一匹のクモを食べて成長し、巣穴で羽化して成虫となり、今度は自分の子どもを育てるためにクモを狩りにいくというサイクルを繰り返します。このクモバチは、網を張る造網性のクモから網を張らない徘徊性のクモまで幅広いクモの種類を狙います。

また、種によって狙うクモの種類も違います。そのため、獲物の探し方や捕まえ方というのも非常に洗練されていて、じつに巧みです。たとえば網を張るクモに特化したオオシロフクモバチなどはクモが網を張りそうな枝先や草間を探し回ります。**また、これらのクモバチは不思議なことに、網の上を上手に歩くことができ、網に捕獲されることはまずありません。**驚いたクモは急いで網から地面へと落下するのですが、ハチはあらかじめこのことを想定しており、地面に落ちたクモを針で仕留めます。[1] どのクモバチも、狙った獲物を捕獲するための優れた狩りの技術を持っているようです。

このクモバチ以外に、ジガバチモドキ、クモカリバチの仲間も同様にクモを狩り、それを餌に子どもを育てる習性を持ちます。ただし、クモバチと違って一つの卵に

※1／他の生き物（宿主）にとりついたり内部に入り込んだりして、宿主の養分を吸収することを寄生という。

たいして一匹のクモを用意するのではなく、小型のクモを何匹も用意するという違いがあります。またこの仲間が属するギングチバチの仲間は必ずしもクモに特化しておらず、種類によってはバッタや、ガ、チョウの幼虫などを狩ります[1]。

とりつき、操作するハチ

こうした狩りバチの仲間はクモに麻酔をし、幼虫の餌にしますが、**生きたクモの体表面に幼虫がとりついた状態で育つもの**もいます。それがクモヒメバチの仲間です。狩りバチと同じく、はじめはクモを針で麻痺させるのですが、巣穴に持ち運ぶことはせずその場でクモに卵を産みつけます。卵を産みつけられたクモはその後、麻酔が切れると何事もなかったかのように活動し始めます。卵はクモの脚が届かない腹部の付け根に産みつけられるため、クモは卵を取り除くことはできません。卵から孵化した幼虫は、クモにとりついた状態で養分を吸いながらどんどん大きくなります※2。一方、クモは幼虫がいるにも関わらず、普通に網を張り続け、採餌行動を

※2／この寄生の仕方を外部寄生という。

続けます。クモが食べた養分の一部がクモヒメバチの幼虫の養分になっているのでしょう。ハチは幼虫から成虫になるさいには蛹になり、翅の生えた成虫へと変態[※3]します。

さて、最終的にクモと幼虫はどうなるのでしょうか？　**驚くべきことに幼虫は最終脱皮前になると、クモの行動を操作し、蛹になるのに都合のよい網を作らせるのです。**[2] どういうことかというと、たとえば、円網は骨組みとなる縦糸と餌を捕まるための横糸から構成されますが、ハチの幼虫がクモに作らせる網は、餌を捕まえるための横糸がない縦糸のみで構成されたものです。しかもこの縦糸も、クモが何往復もして作られたものであるため極めて頑丈な作りになっており、ちょっとやそっとの風雨では壊れません。この網を作り終えたクモはもはやハチにとっては用済みです。**幼虫はクモを食い尽くした後、網の中央部で蛹となり、その後成虫になるのです。**

つまり、クモヒメバチはクモの外部にとりつき、蛹になる段階でクモの行動を操作し、蛹化するうえで安全な台座を作らせるのです。最近、クモヒメバチの研究者

※3／成長し、幼体から成体に姿を変えること。

である高須賀圭三博士（慶応義塾大学）により、驚くべき行動操作の様式がいろいろ明らかになっています。たとえば、ギンメッキゴミグモに寄生するニールセンクモヒメバチは宿主に頑丈な網を作らせるだけでなく、鳥や天敵などの忌避に役立つ白帯※4までクモに作らせることが分かりました。[3] さらに、操作された網に使われている糸の強度を計測したところ、その糸は本種が作る脱皮用の網の糸に比べて外周部で3倍以上、中央部で30倍以上の強度を誇っていたそうです。また寄生バチがクモを麻痺させる行動も極めて巧妙で、ハチが死んだふりをして、隙をついてクモに近づき針を刺したり、あるいは糸を引っぱって餌と見せかけてクモをおびき寄せるなど、巧妙な寄生行動も明らかになってきました※5[4]。

　このように非常におもしろい習性をもったクモヒメバチですが、いったいどのような仕組みでクモの行動を操作しているのかはまだ分かっていません。**ハチがクモを操作して作った網は、クモが脱皮するときに作る網によく似ていることから、なんらかの化学物質を注入して、クモにもともと備わった行動を誘発している**と考えられています。まだまだ分かっていないことが多く、クモとハチの相互作用は非常

※4／詳しくは「第11節 柔軟なクモの網デザイン」を参照。

※5／高須賀圭三氏のクモヒメバチの研究内容については、「フィールドの生物学クモを利用する策士、クモヒメバチ―身近で起こる本当のエイリアンとプレデターの闘い」（東海大学出版部）に詳しく書かれている。

におもしろい研究領域だといえます。

卵嚢に寄生するカマキリモドキ

クモ本体ではなく、クモの卵嚢を専門に食べるカマキリモドキ（Mantispidae）という昆虫もいます。カマキリに見た目が似ていますが、カマキリとは全然異なる分類群でアミメカゲロウ目という仲間に属します（アリジゴクと同じ仲間といえば少しイメージが湧くかもしれません）。卵嚢を食べるのは幼虫であり、主に徘徊性のクモの卵嚢が対象です。

幼虫はわずか数㎜しかないのですが、広大なフィールド上で、どのようにしてクモの卵嚢にたどり着くのでしょうか？　興味深いことに、この幼虫はクモを見つけると、クモの体にとりつき、そのうえでクモが卵嚢を産む瞬間を待っているのです。このとりつくクモは必ずしもメスの成体というわけではなく、幼体やオスに付いていることもあります。このことから、**最終的に卵を産むメスにたどり着くため、ク**

モの体を次々にヒッチハイクしていると考えられています。[5] クモが卵を産むまでの期間、どのように飢えを凌いでいるのかは気になるところですが、一説によればとりついたクモの体液を吸っているとも考えられています。このグループを専門とした研究者の数が少なく、まだまだ生態が未知な部分が多いですが、非常に興味深い生態といえます。

クモを専門に狙うクモ

クモにとって最大の敵は手の内を知り尽くしたクモそのものかもしれません。クモの中には他種のクモを専門に狙うクモがいます。代表的なものとして、ヒメグモ科のヤリグモ類（*Rhomphaea*）、オナガグモ類（*Ariamnes*）、ムナボシヒメグモ類（*Platnickia*）、そしてコガネグモ科のカナエグモ類（*Chorizopes*）などが知られています。これらの仲間は放浪して、他のクモの網に侵入して網の主を食べるものから、自分で糸を引き、そこを通るクモを待ち伏せて糸で絡めとるものなど戦略も様々です。**網に侵入するタイプのものは糸をわざと引っぱって宿主のクモが獲物とまちがって近づいたところを捕まえるなど、その手口は非常に巧妙です。**一方、待ち伏せ型のクモに関しては、粘着性の高い粘球が付いた糸をカウボーイのように投げ、ある程度離れた場所からクモを捕らえるなど、飛び道具を使います。

こうしたクモ食いの中で最も高度なテクニックを持つのがハエトリグモ科のケアシハエトリの仲間（*Portia*）です。このクモは先ほど説明したようにわざと自分を獲物と見せかけて網を張るクモを騙して襲うほか、発達した眼でクモを追いかけ捕獲するなど、状況に応じて極めて柔軟な捕食行動をとります。[6] さらに驚くべきことに、ハエトリグモは徘徊性のクモであるにもかかわらず、立体的な網を張ることもできるのです。そのため、造網性のクモから徘徊性のクモまで幅広いクモがこのクモの餌食になります。**敵としてのクモは糸を自由に使いこなすことから、網も防御の手段として役に立たないため、クモにとって最も厄介な相手になるのかもしれません。**

その他の天敵昆虫

クモに寄生する仲間として、コガシラアブ（ハエ目）が知られています。この仲間はクモヒメバチなどと違って、クモの体外ではなくクモの体内で育ち、最終的にクモの体を食い破って蛹化します。どうやってクモの体内に侵入するのでしょうか？

幼虫はまずクモの脚にとりつくと、ゆっくりとクモの体を這い、呼吸器である書肺のひだの隙間から入っていくそうです。私も**ハエトリグモを飼っていたら、ある日突然、容器の中にクモの死骸と蛹だけになっていてビックリした**経験があります。

コガシラアブは、世界に５００種強、日本には13種が知られているそうです。タマゴクロバチ科のハチも似たような習性を持っていますが、こちらは主にクモの卵嚢に寄生します。

また、捕食性のカメムシであるサシガメ科（Reduviidae）も、一部のグループはクモ食いに特化しており、網に侵入してクモを食べることが知られています。これまで日本では報告例がありませんでしたが、つい最近筑波大学の鈴木佑弥さんがセスジアシナガサシガメ（*Gardena brevicollis*）が卵嚢から出てきたばかりのハツリグモの幼体を食べる事例を報告しています。[7]

クモを専門に狙うわけではないですが、トンボも造網性クモの潜在的な捕食者として知られています。網を張るクモは空中に静止しているため、餌として利用されにくいと考えられますが、優れた飛翔能力をもっているトンボには通用しません。**トンボはホバリング（空中に静止すること）することができるため、網の中央にいるクモをピンポイントで狙うことができます。**ネアカヨシヤンマ（*Aeschnophlebia anisoptera*）という種ではこのクモを狙う行動が頻繁に見られるようです。

脊椎動物も天敵となる

クモの捕食者は、脊椎動物では、カエルやトカゲ、鳥、コウモリなど、様々な生き物が考えられます。※6 これらの捕食者はいろいろな生き物を食べるため、必ずしも

※6／まれに、クモが脊椎動物を捕食するケースもある。詳しくは「第19節　クモのギネス記録」。

クモを専門に狙うわけではありませんが、クモを多く食べていると考えられていま す。たとえば、日本にはいませんが、ハチドリという鳥も空中で静止することができるため、造網性クモの脅威となる天敵です。[8]

なかでも鳥は、クモの個体数や密度を制御する(増えすぎないようにする)うえで、重要な天敵だと考えられています。グアムの島嶼《とうしょ》では、一部の島に侵略的な外来種であるヘビ(ブラウンツリースネーク)が入ったため、そこでは鳥が食い尽くされ、いなくなってしまったそうです。こうしてクモの捕食者となる鳥が減ってしまったために、クモ類の密度が、(鳥のいる周りの島に比べて)雨季には40倍、乾季でも2倍に増えたそうです。[10] このことは、自然界でのクモ類の密度を決める要因として、いかに鳥が重要な役割を果たしているのかを物語っています。

また、鳥に捕食される危険性は、クモの習性によって違うことも分かっています。樹冠における野外実験によりますと、網を張るクモのほうが、徘徊性のクモよりも食べられる率が低いそうです。[11] このことは網を張る行動そのものが、鳥からの捕食の防御に役立つことを示しています。※7

※7/シジュウカラもクモをよく食べているらしい。[9]

菌類という隠れた脅威・その他の脅威

　菌類もクモにとって重要な天敵です。代表的なものはクモタケでしょう。このキノコの仲間は、地中性のトタテグモの仲間に寄生します。クモの体を養分として育ち、育った子実体は、トタテグモの巣穴から扉を開けて顔を出します。私もクモタケが実際に生えている生息地を見たことがありますが、**巣穴からクモタケが複数生える様子はまるでクモの墓標のようでした。**

　また、直接クモを食い殺すわけではありませんが、クモの体にはよくダニがついていることがあります。これはタカラダニという寄生性のダニで、クモを含む様々な節足動物の体にとりつき、その体液を吸って成長します。様々なクモに付きますが、私はよくエビグモ類やクサグモ類が寄生されている姿を見ます。タカラダニはクモに寄生し、満腹になった後は宿主を離れ、その後地表や地中で捕食者として活動するそうです。

　実際、クモが捕食者から食べられる決定的瞬間を野外で観察するのは容易でないことから、まだまだこれらの天敵生物がクモの個体群の制御にどの程度役立っているのかは、分からないことが多いのが実情です。**私も、クモが天敵から襲われる率を調べるため、3日ほどビデオを仕掛けてクモを観察していましたが、結局クモバチが一回来ただけで、しかもそのときは狩りに失敗していました。**天敵とクモの関係については私たちが知らないような未知なる現象が秘められているに違いありません。

17 ご当地グモ

地理的な要因で分化していく種

「ご当地○○」という言葉をよく聞きます。各地方ならではのグルメや文化、イベントはテレビなどでもよく取り上げられています。これと同様に、生き物でもその地域にしか見られない固有のものがいます。代表的なものとして、イリオモテヤマネコやヤンバルクイナ、アマミノクロウサギなどの固有種が挙げられます。あまり知られていませんが、クモの仲間でも特定の狭い地域にしか生息していないグループや種というものがいます。

ちなみにクモの「種《しゅ》」の概念ですが、基本的には互いに交尾や繁殖が可能かどうかが基準になっており、生殖器（メスの外雌器・オスの触肢）の形状の違いが交尾の可否に大きく関わっています。なので、ここで取り上げる「種」というのは基本的には生殖器の形の違いに基づいていることをあらかじめお伝えしておきます。それでは、知られざる「ご当地グモ」の世界を覗いてみましょう。

最古のクモ・キムラグモ類

クモの仲間で最も原始的なグループに、ハラフシグモ科（Liphistiidae）というグループがいます。クモは昆虫のように体に節を持たないのですが、この**ハラフシグモ科のクモは腹部に節の名残が見られます。**また糸を出す器官である糸疣も、多くのクモは腹部の末端にありますが、このクモの仲間はお腹の真ん中あたりにあるなど、他のクモとは見た目も違います。**魚でたとえると「シーラカンス」のような「生きた化石」と呼ばれる存在です。**この原始的なクモは地中に穴を掘り、そこに土を糸で綴った扉を設け、巣穴の近くを通りかかる地表性の節足動物を捕らえて生活しています。

このハラフシグモ科に属するキムラグモというクモが日本にも分布します。[※1] 分布域は全国ではなく、九州の南部から琉球列島と南に偏っています。当初は九州南部に分布するキムラグモ（*Heptathela kimurai*）と沖縄地方に分布するオキナワキムラグモ（*Ryuthela nishihirai*）の2種だと思われていたのですが、研究が進むうちに種の識別点となるオス・メスの生殖器の形に、地域や島ごとに違いがあることが見出されました。その結果、奄美大島のキムラグモはアマミキムラグモ、石垣島のキムラグモはイシガキキムラグモ、屋久島のキムラグモはヤクシマキムラグモ……という名前がつくなど、じつは地域ごとに異なる種であることが分かってきました[1]。興味深いことに、島という隔離された環境だけでなく、九州という地続きの場所でも地域によって異なる種が存在することが分かってきました。それぞれの地域でブンゴキムラグモ（大分・熊本・宮崎・鹿児島）、ヒトヨシキムラグモ（熊本）、ヒゴキムラグモ（福岡・大分・熊本・宮崎・鹿児島）、ヒュウガキムラグモ（宮崎）、キムラグモ（鹿児島）という種が分布しています。

生殖器の形に地域的な違いがみられるキムラグモですが、記載に用いられた標本

※1／なお、キムラグモの名前は発見者の木村有香氏に由来している。

数が少ないため、もっと標本数を増やしていくとどうなるのか？　こうした違いが本当に種の違いを表しているのか？　という疑問も研究者のあいだにはありました。

クモの分類学者である谷川明男博士が、より多くのキムラグモを採集し、生殖器の形態を調べたところ、生殖器の形は齢や個体ごとの変異も大きく、**違う種と思われていたものの一部が、じつは同種のたんなる変異だった**という実態も分かってきました。

その例として、久米島と慶良間《けらま》諸島に分布するトカシキキムラグモとキタクメジマキムラグモ、クメジマキムラグモが挙げられます。久米島に分布するクメジマとキタクメジマはメスの生殖器（受精嚢）の形の違いで、トカシキはオキナワキムラグモとの比較で別種と判断されていましたが、その後たくさんの個体の形態を調べてみると、生殖器の形はじつに多様で、なかには明確に分けられない中間的な形態を示すものがあり、3種の形態が連続的につながっていることが分かってきました。形態だけでは区別できないため、トカシキ・キタクメジマ・クメジマを対象に塩基配列を調べたところ、これらは一つの系統群にまとまることが分かりました。[2]　つまり、キムラグモは個体ごとに形態が異なる種であるにも関わらず、少数の標本に基づいて形態を観察したため、誤って3種存在すると判断されてしまったということです。そのため、これらは現在クメジマキムラグモという一つの種にまとめられています。また同じような手法でイリオモテキムラグモとイシガキキムラグモもじつは同種であることが判明し、それらは現在イシガキキムラグモとしてまとめられています。※2

キムラグモの仲間の識別が難しい理由の一つとして、メスの生殖器の形が「単純である」という点が挙げられます。 系統的に新しい（いわゆる普通の）クモは、メスの外雌器がかたくキチン化しているため形が比較的安定しているのですが、原始的なキムラグモはそのような構造は見られません。内部生殖器はキチン化した袋のような構造ですが、この形の個体間の違いが大きいのです。また、キムラグモの場合は成体になった後も生き続けるため、齢を重ねるごとに生殖器の形も変形しやすいのかもしれません。一方、オスの生殖器である触肢はメスよりも複雑な形をしているため、より種の識別には適していると考えられます。

※2／近年、中国の研究者らによる分子系統解析によって再び、イリオモテキムラグモとイシガキキムラグモを分けるという内容の論文も発表されている。[3]

このようにキムラグモは一度、形態の違いでたくさんの種に分けられましたが、現在はDNAの解析技術と、より詳細な形態観察によって、分類の再整理がなされています。おもしろいことにこれで種数が減っていくかと思いきや、遺伝子の解析で新たに発見された種もいます。それが2014年に発見されたクンジャンキムラグモ（*Heptathela helios*）という種です。この種は沖縄島の北部の辺戸《へど》岬の近辺にしか分布しないという、極めて生息範囲が狭い種であり、当初は沖縄島の北部に分布するヤンバルキムラグモと混同されていました。しかし、DNAを調べてみるとヤンバルキムラグモとは明らかに塩基配列が異なっており、両者が同所的に生息地している地点で核遺伝子を調べてみたところ、同じ場所にも関わらず遺伝的な交流がないことが分かりました。つまりこれらは別種だと判断されたのです。一方、生殖器の形態についてははっきりとした違いは見られなかったため、いわゆる見た目では区別できない隠蔽種となります。[4] 現在日本に分布するキムラグモの種数は14種ですが、このように形態の観察だけでは区別が難しい種もいるため、**最終的にどのくらいの種数に落ち着くのか**興味が持たれます。

爆発的な種類数・ヤミサラグモ

ところで、ご当地グモがいるのは、なにも南西諸島だけではありません。私たちの周りの身近な環境でも見られます。ここで紹介するのはヤミサラグモ（*Arcuphantes*）という体長2〜3㎜程度のサラグモ科（*Linyphiidae*）のクモです。このクモは崖や石の隙間にシート状の網を作ります。九州から北海道まで分布しますが、バルーニング※3による飛翔行動を行わないため移動能力が乏しく、さらに生息地も森林に限られるため、場所間で遺伝子の交流が起きにくく、結果的に地域ごとで著しく種分化しています。たとえば、中国地方だけでもアキヤミサラグモ（*A. ibarai*）、セトヤミサラグモ（*A. setouchi*）、ヒバヤミサラグモ（*A. hibanus*）、ナガエヤミサラグモ（*A. longiscapus*）、ツルサキヤミサラグモ（*A. tsurusakii*）、ハリマヤミサラグモ（*A. nojimai*）、オキヤミサラグモ（*A. okiensis*）、イズモヤミサラグモ（*A. saitoi*）、ヒバノトナルヤミサラグモ（*A. occidantalis*）、エンムスビヤミサラグモ（*A. enmusubi*）と、10種も存在します。[4][5]

※3／詳しくは、「第9節　空を飛ぶクモ」参照。

興味深いことにこれらの種は互いに分布域が重複しておらず、各種がそれぞれ狭い地域にのみ分布しています。たとえばエンムスビヤミサラグモなどは島根半島西部というごく限られた地域にしか分布しませんし、イズモヤミサラグモも島根県東部と島根県西部の狭い地域にしか見られません。もちろん、これらの狭い分布は川や高山などの自然の障壁によって隔離されているケースもありますが、たんにクモの移動能力が低いことだけに起因しません。明らかに地続きであり、とくに目立った地理的障壁があるわけでもないのに、種同士の分布はごく部分的にしか混ざり合わず、きれいに分布が分かれているケースがあります。実際、私もヤミサラグモを採集しに行ったことがありますが、峠を越えるとこれまで捕れていた種とは生殖器の形が異なる種が捕れるという経験をしており、驚きました。なぜ隣接する種同士が排他的に分布するのでしょうか？

その要因はまだ詳しくは分かっていませんが、考えられる要因として、**生殖器が違うもの同士がうまく交尾できないこと**と関連していると想像しています。このヤミサラグモのユニークな特徴は、雌雄の生殖器が非常に複雑な形状をしており、オスとメスとの生殖器の形が同種で完全に対応する「錠と鍵」の関係が見られる点です。[※4] どういうことかというと、メスは、普通のクモとは違ってかたい突起型の交尾器を持っており、一方、オスの触肢は体液の圧によって稼働する構造になっており、これによって交尾時にメスの突起型の生殖器を挟み込む構造になっています。**このメスの突起とオスのはさみ込む構造の凹凸が寸分違《たが》わず一致する形状になっているため、「錠と鍵」の関係と呼ばれるのです。裏を返せば、少しでも形状が違えば交尾が成り立たないということです。**

ヤミサラグモはどの種も外見はとてもそっくりなのですが、近縁種間で雌雄の生殖器の形が微妙に異なるため、形の違うもの同士ではうまく交尾器がかみ合わなかったり、あるいは変なかみ合い方をして交尾が成立しないケースが見られます。私も近縁の異種同士でオスとメスを実験的に交尾させたことがあります。お互い別種にも関わらず交尾を試みるものの、オスの交尾器とメスの交尾器が変なかみ合い方をして、外れなくなるという例も観察できました。そのため、**異種の分布域が接している地域では、おそらく種間でまちがった交尾が起こり、場合によっては命を落**

とす個体もいるため、互いにそれ以上分布域を広げられないのではないかと想像しています。

このヤミサラグモは現在のところ、国内で30種強が記載※4されていますが、まだまだ名前がついていない種（いわゆる新種）がたくさんいます。私もこのグループの地理的な種分化について、専門家である井原庸博士らと共同で研究を進めさせていただいていますが、同じ種と思われていた種がじつはさらに地理的に細かく分化した別種であったというケースも見られています。たとえば、ヒバノトナルヤミサラグモ（広島県）とエンムスビヤミサラグモ（島根県）はそれぞれヒバヤミサラグモの離れた集団だと思われていたのですが、DNAの配列解析により塩基配列が異なることが分かり、さらにその事実をもとに、生殖器の形態でも区別できることも判明したため、近年新たに別種として記載されたのです[6]。

まだ研究成果としては公表していませんが、このような一種と思われたものがじつは数種に分かれるという例はすでにいくつか見つかっており、最終的には日本全国で100種を超えるのではないか……と推測しています。つまり、**単純計算する**

※4／分類学において、種の形質を論文などに記すこと。記載することをもって、新種として認められる。

と、**各都道府県には約2種の固有のヤミサラグモがいることになり、これらの種が、地球上において県よりも狭いごく一部の地域にしか生息しない**と考えると、いかにご当地ヤミサラグモが貴重な生物であるかが理解できると思います。この貴重なご当地グモの存在がもっと広く世に知れわたってほしいと願っています。

さらに多様なナミハグモ

ヤミサラグモというご当地グモの存在に驚いた人も多いと思いますが、上には上がいてさらに多様なクモのグループがいます。ナミハグモ科（Cybaeidae）のクモです。

このグループはヤミサラグモと同じく移動能力が乏しく地理的な種分化が激しいクモです。このクモが驚異的なのは、ヤミサラグモと違って、**同じ地域に体サイズや生息環境が微妙に異なる複数の種が存在する**ことです。どういうことかというと、10㎜以上の大型種、中型種、中型~小型種、さらに3㎜前後の小型種などが同じ場所で見られ、それぞれが異なる環境に生息しているのです。これらは微妙に生息する環境が異なり、さらに体サイズも異なるため、ヤミサラグモのように交尾の干渉や生息地をめぐる競争なども生じにくく、同所的に共存できるのだと考えられます。そして、この体サイズの違うナミハグモのグループがそれぞれ、地理的に種分化しているのです。そのため、日本のナミハグモだけでも、全体で優に150種は超えると考えられていて、今のところ80種強名前がついています。また、キムラグモのときにも解説しましたが、一部の地域では、地理的に生殖器の形態が連続しているものもいるため、生殖器の違いはあるものの、どこまでが同種でどこまでが別種かの線引きが難しいものもあり（たとえばナガトナミハグモ）、種の識別自体が難しいケースも多々見られます。※5[7] クモの分類の中では分類が最も難関なグループの一つといえるのです。このグループもヤミサラグモと同様、井原庸博士が精力的に種の記載や地理的種分化のパターンを解明してきました。[8]

私もクモ採集をしていてナミハグモを採集することがありますが、どれも図鑑に該当するものがおらず、ほとんど種を特定できた試しがありません。まさに新種の

※5／クモの交尾器は複雑な構造をしているものも多いが、実際に交尾に用いるパーツの形は単純であり、メスの生殖孔にオスの（スポイド状の）栓子を差し込む様式である。そのため、雌雄の生殖器の形の対応は必ずしも厳密ではない。

宝庫といえるグループで、今後の専門家の方の活躍が期待されます。

ご当地グモはまだまだ見つかる

ここまで比較的分類学的な研究が進んでいるグループを紹介してきましたが、まだまだ未知なるご当地グモが存在します。たとえば、マシラグモ科（Leptonetidae）もヤミサラグモと同じような性質を持っており、洞窟や林床《りんしょう》などで網を張っている、かよわいクモです。地域によって異なる種に分化していると考えられていますが、これらのグループは研究者がほとんどいないため、いったい日本に全部で何種いるのか、地域ごとにどんな種がいるのか、その実態すらつかめていません。

以上のように、移動性の低いクモは地域ごとに異なる種分化をしており、種の多様性が高いことがお分かりいただけたかと思います。この地理的な種分化を見せるクモには、学名や和名に地名がついたものが多いです。たとえば、徳島県に分布するヤミサラグモには、アワヤミサラグモ（阿波）やトクシマヤミサラグモ（徳島）

がいますし、新潟県に分布するナミハグモにはエチゴナミハグモ（越後）などがいます。

この本を読むまではおそらく知らなかったかと思いますが、**みなさんの地元にも、地球上でそこにしかいないクモがいる可能性があり、それらの中には名前がついていない未記載種が多くいる**ということがご理解いただけたかと思います。これらのクモは地味な存在ではありますが、その分布の形成には、生息地である森林や地形の変化などの古い地史が大きく関わっており、**その地域の歴史を反映した生き証人**としてじつはとても貴重な存在なのです。これを機にぜひこの深淵なるご当地グモの世界に興味を持ってもらえたら嬉しいです。

18 昼と夜、どちらのクモが先か

それぞれのメリットとデメリット

「朝のクモは縁起が良い」との言い伝えが全国にあるのをご存じでしょうか？　またこれにたいして「夜にクモを見ると不吉なことが起きる」という言い伝えも知られています。この朝グモ・夜グモによって吉兆を占う俗信は、古くは１３００年ほど前の『日本書紀』の中にも認められます。[1] このことから、クモは古くから人々の生活に馴染みのある生き物であることをうかがい知ることができます。

ところで、朝も夜もクモが見られるわけですが、クモはいったいいつ活動しているのでしょうか？　いつ網を張っているのでしょうか？　じつはクモの活動時間は種類やグループによって大きく違います。ここでは、夜のクモ・昼のクモの生態とその違いについて紹介したいと思います。

朝と夜でガラリと変わる顔ぶれ

コガネグモ科のクモは、平面状の円網タイプの網を張ります。興味深いことに、この仲間は夜に網を張るタイプと、昼に網を張るタイプに明確に分かれます。夜間に餌を待ち構えるタイプ（夜行性種）として、オニグモ（*Araneus ventricosus*）、ヤマシロオニグモ（*Neoscona scylla*）、イエオニグモ（*N.nautica*）、ヤエンオニグモ（*A.macacus*）などオニグモ類が挙げられます。これらのクモは、昼間は樹皮の隙間、葉裏など目立たない場所にじっと身を潜めていますが、日没とともに活動を開始し、網を張り始めます。

一方、日中餌を待ち構えるタイプ（昼行性種）として、コガネグモ（*Argiope amoena*）、ナガコガネグモ（*A.bruennichi*）、コガタコガネグモ（*A.minuta*）とジョロウグモ（*Nephila clavata*）が挙げられます。これらのクモは夕方になると網の隅のほうに移動して夜を過ごすものもいます。つまり同じ場所であっても時間帯によって、出現するクモの顔ぶれがガラッと変わるのです。身近な例を挙げると、**昼間は何もなかった場所に夜訪れてみると、突如、巨大なオニグモの網が出現する**ことがあります。[※1]

ところで「餌を捕るためなら、夜も昼も関係なく一日中網を張っていればよいではないか？」と思われる人もいるかもしれません。しかし、いくつかの理由でこれはできません。その一つは、時間の経過とともに網が壊れるからです。円網の横糸には、餌を網に保持するための粘球が付いているのですが、この粘球は時間の経過に伴い、どんどん粘着力を失っていきます。また張られた直後は美しい円網も、獲物が捕獲されたり、風にさらされているうちにボロボロになっていきます。なので、円網は、作られてからせいぜい数時間くらいしか餌捕獲機能を発揮しないのです。網を張り替えるのには大きなコストを伴いますので、一日に何度も作り替えることは困難です。

もう一つは、昼と夜ではまったく環境条件が異なるということです。とくに昼間

※1／ただし、活動時間は状況によっても異なり、夜行性のクモでも幼体期や林縁などの薄暗い環境では昼間でも網を張っていることがある。

は、夜に比べてクモにとって過酷な環境であることが示唆されており、これがクモの昼間の世界への進出を阻《はば》んでいるのです。これについては、後ほど詳しく説明したいと思います。

夜の世界から昼の世界へ

ところで、夜行性のクモと昼行性のクモ、もともとどちらが先に出現したのでしょうか？ コガネグモ科全体を見渡してみると、じつは**夜行性のクモのほうが、昼行性のクモに比べて圧倒的に種数が多い**ことが分かっています。[2] さらに、昼間網を張るクモ（コガネグモ属）は系統的に比較的新しいグループであることから、おそらく夜行性のクモが先で、その後昼行性のクモが出現したと考えられます。

では、なぜ夜の世界から昼の世界へとクモは進出したのでしょうか？ 一つ考えられるのは、利用可能な餌量が多いということです。昼と夜とでは活動している生物が大きく異なり、とくに昼間はバッタやチョウなど大型の植食性昆虫や訪花性昆虫が太陽の下で活発に活動しています。実際、昼間活動しているコガネグモ類の餌を観察してみると、バッタなど大型の獲物が捕獲されている様子がよく見られます。また、昼型のコガネグモ類やジョロウグモなどは成体のサイズも大きかったり、あるいはチュウガタシロカネグモのように年に何度も世代を回すもの[※2]もいます。おそらくこれは豊富な餌資源量を反映しているものと推測されます。

昼間生活するメリットが大きいのであれば、もっと多くの種が昼間の世界に進出すればよいのでは？　と思われるかもしれません。しかし、話はそう単純ではありません。**昼と夜は同じ場所でありながら別世界です。餌となる昆虫の量も多いですが、同時にクモを狙う敵の数も多くなります。**たとえば、昼間はクモを専門に狙うハチ類（クモバチ）や鳥類が活発に活動しています。また環境要因として、日中の日差しも危険です。夏場の気温はときに生命活動に支障をきたす水準にまで上がることがあります。このように昼間は天敵による捕食リスクや環境ストレスが高く、そこに進出するのは容易ではないのです。

※2／1年間に何世代繰り返すか、ということ。チュウガタシロカネグモの場合は、年に少なくとも2世代繰り返す。

昼間の世界への適応

　では、昼間の世界に進出したクモたちは、どのようにこの問題を克服しているのでしょうか？　昼間のクモの網には夜のクモには見られない様々な特徴が見られます。たとえば、円網を構成する糸ですが、**じつは昼行性のクモが出す糸は、夜行性のクモのそれとは光の反射特性が異なっています。**[3] **具体的にどういうことかというと、ハチなど昆虫の目に見える光の波長（紫外線など）を反射しにくいのです。**紫外線光は人間の目では認識することができないため、一見区別がつきませんが、天敵（ハチ）の視点からは、昼間のクモの網は夜のクモの網に比べて目立たないのです。これは天敵だけでなく、餌となる昆虫にも網の存在が分かりにくいため、餌捕獲のうえでもメリットがありそうです。

　また昼間のクモは、天敵からの攻撃を避けるために、夜行性のクモの網には見られないユニークな構造が設けられています。たとえば、コガネグモ属やジョロウグモの仲間は円網の前後にバリアー網という不規則な糸を設けます。**これは文字どお**

り、天敵であるハチ類からの直接的な攻撃を防ぐ障壁（バリアー）として役立ったり、あるいはこの糸に天敵が触れることによりクモに天敵の存在を一早く知らせる役目（すなわち早期警戒システム）を持ちます。また昼行性のクモ類は白帯という目立つ糸の装飾物を設けることがあります。この白帯はクモが普段待機している網の中心部付近に付けられており、その形はX字状であったり、渦巻きであったりと様々です。※3 この白帯は紫外線の反射特性が高いことから、視覚効果によって餌生物を誘引する機能が示唆されていますが、種によっては自分の体を天敵にたいしてより大きく見せたり、クモ本体がどこにいるのか分かりにくくするという捕食者からの防衛機能も示唆されています[4]。以上のように、昼行性のクモに見られる網構造は昼間の〝明るい環境〟と密接に関係しており、おそらく昼間の世界では網の視覚的な効果が身を守ったり餌を捕獲するうえで大切であることを物語っています。

一方、高温にたいする耐性については、夜行性のクモと昼行性のクモを直接比較した研究はありませんが、昼行性のコガネグモ類を対象にその熱耐性を調べた研究はあります。その研究によりますと、コガネグモ類は高温にたいする耐性を持つこ

※3／詳細は「第11節 柔軟なクモの網デザイン」。

とが知られており、40度以上の環境でも耐えられるようです。[5] 夜行性のクモでは、どの程度高温にたいする耐性があるのか気になるところです。

夜行性が圧倒的多数

夜行性クモ・昼行性クモの比較から、コガネグモ科では、**もともと夜に生活していたクモのうちの一部が、過酷な昼間の環境を克服し、餌資源が豊かな世界に進出できた**という進化のシナリオが浮かび上がりました。同様の活動時間帯の違いはその他の網を張らないクモ類でも見られます。たとえばコモリグモ科では、オオアシコモリグモ属（*Pardosa*）の多くは日中に活発に活動していますが、[6] コモリグモ属（*Lycosa*）のクモは、昼間は主に地中の住居に身を隠しており、夜間活動します。

また活動時間の違いはより大きなグループ間でも見られます。たとえば、視覚に強く依存しているハエトリグモ科のクモは、ほとんどの種が昼間に活動していますが、逆に視覚が発達していないフクログモ科やアシダカグモ科のクモはほとんどが夜行性です。このように、徘徊性のクモの場合は視覚への依存度と活動時間帯が強くリンクしているようです。

クモ全体を見渡しても夜行性のクモの種数が圧倒的に多いため、コガネグモ科と同様に、おそらくクモ自体もともとは夜行性で、その一部から昼間活動するクモが様々な系統で出現していると考えられます。おそらく餌捕獲行動や天敵にたいする防衛行動も、昼と夜のクモで大きな違いが見られるものと考えられます。今後、様々なグループに注目して比較してみてもおもしろいかもしれません。

19 クモのギネス記録

サイズ、毒、寿命、餌、網、糸に関して

ギネス記録はみなさんご存じでしょう。あらゆるものの「世界一」の記録です。人間誰しも世界一の記録に興味を持つものです。この世界一にたいする興味は、人間に関する記録にとどまりません。生き物についてもそうですし、クモにも当てはまります。たとえば、クモの観察会や講演をしているとよく聞かれるのが、「世界で一番大きなクモはなんですか?」「一番大きなクモの獲物ってなんですか?」「一番毒が強いクモは?」など、極端な記録や世界一の記録には多く関心が寄せられます。ここではイタリアの研究者によってクモに関するあらゆる世界記録をまとめた文献[1]をもとに、クモについてよく尋ねられる事柄を、日本の記録も交えながら紹介

したいと思います。

世界一大きなクモ・小さなクモ

世界一大きなクモとして知られるのは、南米に生息するオオツチグモ科（Theraphosidae）の *Theraphosa blondi* という種です。オオツチグモ科は俗に「タランチュラ」と呼ばれており、日本でもペットとして人気が高いグループです。[※1] 原始的なクモのグループで、樹上に網を張るもの（ツリースパイダー）、地中に穴を掘るもの（バブーン・アースタイガー）、地表に生息するもの（バードイーター）などいくつかのタイプに分けられます。この種は英名でゴライアスバードイーター、和名で「鳥食いグモ」と呼ばれており、地表で生活しています。さて気になる大きさですが、**脚を広げた大きさは28㎝、そして重さは約170g**にも達します。数字だと実感が湧きにくいと思いますが、日本で見られる大型の造網性のクモであるジョロウグモの大きさが2～3㎝、重さが約1gといえば、いかに巨大であるかがお

※1／タランチュラには二つ意味があり、タランチュラコモリグモ（*Lycosa tarantula*）という種の名称を指す場合と、オオツチグモ類全般を指す場合がある。もともとは前者を指す言葉として使われていた。

分かりいただけるかと思います。見た目もいかついので、さぞかし、毒も強いだろうと思われるかもしれませんが、人間には無害です。**ただし、強力なあごを持っため、咬《か》まれると物理的に痛いでしょう**（私は経験したことがありませんが）。名前とは異なり、とくに鳥を専門に食べているわけではなく、カエルなど小型の脊椎動物を獲物として捕らえていると考えられます。

ちなみに網を張るクモでは、マダガスカルに生息するコガネグモ科のジョロウグモの仲間 *Nephila komaci* が最も大きく、体長は39・7㎜、脚を広げた大きさは10㎝ともいわれています。

逆に成体のサイズが最も小さいクモも気になるところです。世界最小のクモとして知られるのがユアギグモ科（Symphytognathidae）のクモです。ポルトガルの標本をもとに記載されたユアギグモ科の一種 *Anapistula ataecina* のメスの成体の体長はなんと0・43㎜しかありません。この種のオスは見つかっておりませんが、同じユアギグモ科の *Patu digma* という種では、オスのサイズは0・37㎜です。こちらが現在のところ、オス成体における世界最小サイズの記録となっています。

ちなみにユアギグモ科のクモは日本では2種（ハチジョウウスイロユアギグモ、ユアギグモ）が知られており、サイズがそれぞれ0.6〜0.7㎜、0.7〜1.1㎜と世界記録といい勝負です。円網性のクモで、極めて目の細かい網を張ることが知られています。私も一度、千葉の山奥でユアギグモの成体と網を観察したことがありますが、クモの小ささと網の精巧さに二度ビックリしました。それにしてもこんな小さな体と目の細かい網でいったい何を食べているのでしょうか？

一説によれば虫ではなく、空中を漂う胞子や花粉を食べているのではないかともいわれています。[2] また**ユアギグモは進化的にも比較的新しいグループのクモなので、大きなサイズから小さなサイズへと進化したと考えられます。なので、小さくなることにも何かしら適応的な意義があると考えられます。**大きいクモや派手なクモに目が行きがちですが、ミクロなクモの世界も気になるところです。

また、クモはオスとメスとの間に極端なサイズ差があることを述べました。※2 では具体的に最も極端なサイズ差とはどの程度のものなのでしょうか？　クモのギネス記録によれば、「オスにたいするメスの体重が125倍」というのが最も大きな値

※2／「第2節　オスとメスの不思議」参照。

のようで、これはコガネグモ科のジョロウグモ属（*Nephila*）の間で見られます。ちなみにこの記録は、クモ界だけでなく、陸上の生き物の中においても最も極端な雌雄差の記録のようです。クモがいかにユニークな生き物であるかがお分かりいただけるかと思います。

毒にまつわる記録

多くの読者が関心を寄せるトピックは「最も強力な毒を持つクモはどの種か？」ではないでしょうか。[※3] 人間（哺乳類）にたいして最も強い毒を持つのはオーストラリアに棲息するジョウゴグモ科（Hexathelidae）のクモです。その中でも有名なのがオーストラリア南東部に分布するシドニージョウゴグモ（*Atrax robustus*）です。主要な毒成分はアトラコトキシンという神経毒で、**人間を死に至らしめる毒量は体重1kgあたりわずか0.2mgと、極めて強い毒性**を示します。オスは繁殖時にメスを探して人家などに侵入することから、人と接触する機会も多くその点でも危険なクモ

※3／クモの毒については、「第24節　毒を持つのは誰か」を参照。

です。ただし、現在は血清が作られているため、本種の咬傷による死亡例は近年ほとんど見られないようです。**ちなみにこの毒成分ですが、主要な餌である昆虫類にはなぜか効かないようです。なぜこのように無駄に強力な毒が進化したのでしょうか？** その生態的・進化的な背景が気になるところです。

逆に最も毒が弱い、あるいは持たないクモはいるのでしょうか？ その仲間として、ウズグモ科（Uloboridae）とシャモグモ科（Holarchaeidae）の一部が挙げられます。多くのクモは頭胸部に毒を分泌する毒腺を持っており、毒を流し込む穴が牙の先端に開いています。シャモグモ科のクモでは牙の先端に毒が通る穴が開いておらず、ウズグモ科に関しては毒腺※4自体が存在しません。※5では、これらのクモはどのように餌を捕まえているのでしょうか？ ウズグモ科は、**餌が網にかかると執拗に糸を獲物に巻きつけ、そのまま圧死させる**そうです。[3] シャモグモ科のクモは日本にいませんが、ウズグモ科のクモは、ヤマウズグモ、カタハリウズグモ、オウギグモ……、など身近な環境で見ることができます。私もこれらのクモの捕食シーンをよく見かけますが、言われてみると確かに獲物を必要以上に糸でぐるぐる巻きにし

※4／毒を出す器官。

※5／ほとんどのクモは毒を持つものの人間（哺乳類）には無害である。「第24節 毒を持つのは誰か」参照。

ているような気がします。多くのクモは獲物を捕まえるための毒を持っていることから、これらのクモは二次的に毒を作る能力を喪失したと考えられます。毒を作るのに大きなコストがかかるからでしょうか？　今後の研究の進展が待たれます。

最も変わった毒の使い方をするのがヤマシログモ科の仲間（Scytoidae）です。普通クモは直接獲物に咬みついて毒を流し込むのですが、このクモは違います。**毒とネバネバする糊状のものを混ぜ合わせた物質を獲物に吹きかけることによって獲物の動きを封じます。**この毒物質を吹きかける速度は極めて早く、なんと秒速28.8mだそうです。粘着物質で動きを封じられた獲物は毒に侵され、徐々に麻痺していき、そのままクモの餌食になるわけです。**クモ界広しといえど、毒を飛び道具として使うのはヤマシログモしかいません。**この特殊な捕食方法からこの仲間は「唾吐きグモ（Spitting spider）」と呼ばれています。

日本でも身近な環境でユカタヤマシログモという種が見られるので、もし見つけたらじっくり観察してみるとよいでしょう。Youtube などにも動画が落ちています。

クモの寿命にまつわる記録

クモの寿命を知っている人はほとんどいないでしょう。グループによって大きく異なりますが、大まかな傾向として原始的なクモほど寿命が長く、進化的に新しいグループほど寿命が短いです。たとえば、原始的なキムラグモやトタテグモの仲間は飼育下では数年以上生きますが、進化的に新しいグループであるコガネグモ科の種の多くは一年で生活史を全うし(オニグモなどは2年)、毎年世代交代します。サラグモ科などの小型のクモでは、年に2~3世代発生します。言い換えると、進化的に新しいグループのクモは世代交代のサイクルが早く、増殖能力も高いのです。

さて、最も長生きしたクモの記録ですが、それはタスマニアの洞窟に棲むムカシボロアミグモ科(Austrochilidae)の *Hickmania troglodytes* という種です。文献によりますと、野外で数十年生きたという記録が残っているそうです。また野外条件下でオーストラリア産のカワリトタテグモ科(Idiopidae)のクモが**43年以上生きた**という記録も残っています。[4] 一方、野外でクモの寿命を追うというのはかなり難しいため、記録自体が少なく、その実態はよく分かっていません。研究が進むことで、この記録はどんどん更新されるかもしれません。

餌にまつわる記録

クモはどれくらい大きな餌を捕まえられるのかは気になるトピックです。しかし、クモの餌は多様です。異なる餌のグループ（無脊椎動物・脊椎動物）ごとに見ていきましょう。

無脊椎動物[※6]で最も大きな獲物として知られるのがミミズです。なんと全長1ｍものミミズを食べたという記録が残っています。これを食べたのはやはり世界一大きなクモ、ゴライアスバードイーターでした。

脊椎動物ではどうでしょうか。魚ではオーストラリアのシドニーにて、体長9㎝もある金魚をクモが食べたという記録があります。これを食べたのは水中での狩りを得意とするハシリグモ（*Dolomedes*）の仲間のようです。南米には、水辺で魚類を

※6／背骨、脊椎を持たない動物。

食べる習性を持つ徘徊性クモで、ハシリグモより大きなシボグモ科の仲間が知られています。そのサイズから、おそらく野外ではさらに大きなサイズの魚を食べている可能性も考えられます。両生類では、体長9㎝ものウシガエルをゴライアスバードイーターが食べたという記録があります。大型のクモが多い南米では両生類はクモの餌として普通のようです。鳥やコウモリなど飛翔性の脊椎動物も造網性のクモの網に捕まることがあります。鳥では翼長13・8㎝のワライバト(*Streptopelia senegalensis*)がクモの網に捕らえられたという記録があります(クモの種類は特定されていないようです)。

ここまで読んでクモが脊椎動物を食べること自体、意外だと感じる人も多かったと思います。じつは魚[5]や両生類、そして鳥やコウモリ[6]の捕食事例自体は世界各地でそこそこ記録されており、今後調査が進むことでより大きな獲物の捕食例が見られる可能性があります。またここでは海外の記録ばかりを挙げていますが、日本のクモも負けていません。日本最大の造網性クモであるオオジョロウグモにおいても、鳥類やコウモリの捕食事例が知られていますし、最大の徘徊性クモであるオオハシリグモもハナサキガエルやオキナワキノボリトカゲなど両生・爬虫類を食べることが分かっています。[7] **一方、地上性の哺乳類の捕食事例はこれまでほとんど知られていなかったのですが、近年オポッサム（有袋類）がオオツチグモに食われるという事例が初めてペルーで観察されました。**[8] クモの獲物はほとんどが無脊椎動物だと思われていますが、実際にはより多くの脊椎動物を食べている可能性があり、食性についてはまだまだ新しい発見が期待されます。

網と糸にまつわる記録

最後にクモの象徴ともいえるクモの網と糸に関する記録を紹介します。最も巨大な網を作るクモをご存じでしょうか？　世界最大の網を張るクモとして、マダガスカルに生息するダーウィンズバークスパイダー（*Caerostris darwini*）が知られています。このクモは円網性のクモであり、その捕獲面の面積は2.8㎡にも達します。値だけ見てもピンとこないと思いますが、１４０cm×２００cmのレジャーシートを思い浮かべてみてください。大人一人が余裕で寝ることができる広さです。じつはこのクモ、網を支える橋糸の長さも世界一であることが知られています。クモの網は通常、木や植物などの基質と、網の捕獲面とをつなぐ橋糸で支えられているわけですが[※7]、このクモの場合、**橋糸が25mもの長さに達することがある**そうです。つまり、近くに網を張るための適当な足場がなくても遠くから長い糸を引くことによって、網を張ることができるのです。

　こうした巨大な網を作る習性に関連してか、糸の強さに関してもダーウィンバークスパイダーは、他のクモの追随を許さない記録を持っています。本種の作る牽引糸は最大520MJ／m^3ものタフネス（つまり繊維が破壊にいたるまでに必要とするエネルギー）を誇ることが知られています。[9] これは（今まで調べられている）クモの糸の中で最も高い値を示し、高い強度（繊維を破断させるために必要な力のこと）を誇る炭素繊維（カーボンファイバー）の十倍以上の値に相当することも分かっています。クモの糸がいかに優れた素材であるかを物語っています。

　以上、オムニバス形式で様々な興味深いクモの特性に関する記録を紹介してみました。それぞれの記録は、文献として残っているもののみに基づいているため、おそらくギネス記録同様、今後データが充実することで世界記録が更新されていくと思います。実際、クモによるオポッサムの捕食記録は、クモのギネス記録が公開された後で報告されたものです。また、ごく最近では**子供に母乳（のような物質）を与えて育てるクモが発見されるという驚きの発見もありました**[10]。今のところ日本の研究事例は紹介されていませんが、日本語で書かれた文献が海外の研究者からチェックされていないことも大きな要因と考えられます。今後、日本発の世界記録も発信していきたいところです。

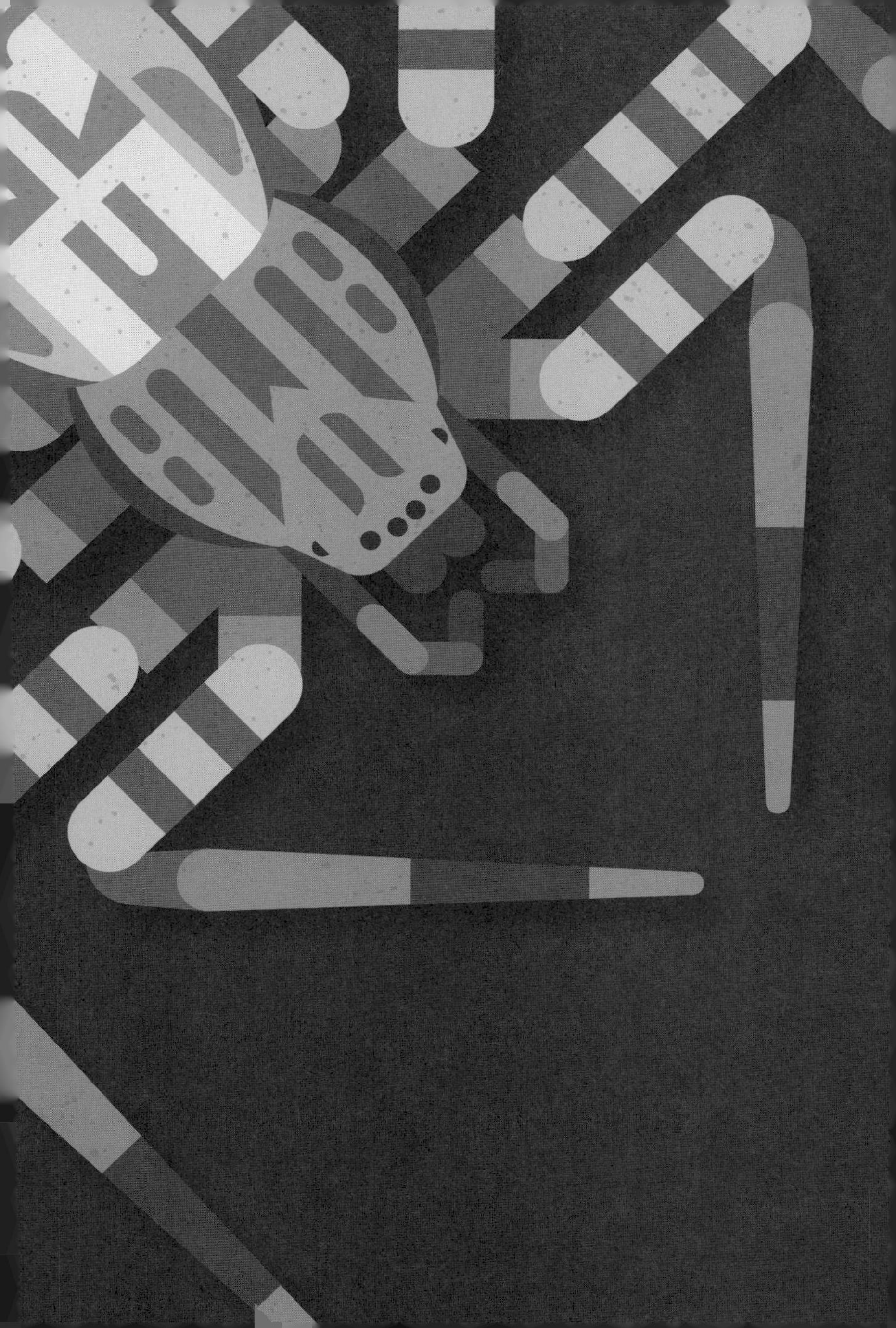

Capter 4

人間とクモが交わるところ

20 都会暮らしも快適

都市と田舎にそれぞれ順応するクモ

都市といえば、みなさんはどのようなイメージをお持ちでしょうか？　自然が少なく、生き物がいない不毛の地というイメージをお持ちの方が多いのではないでしょうか。たしかに、都市化は生物の多様性に強い影響を及ぼしています。しかし、**クモは陸域のあらゆる環境に進出しており、都市や建物の中でも見られるものが多い**のです。ここでは、都市とクモとの関わりについて紹介したいと思います。

都市・屋内に暮らすクモ

建物の中には様々な種類のクモがいます。最も代表的なものがハエトリグモの仲間でしょう。家や学校、オフィスなどでたまにピョコピョコ跳ねているのが、それです。代表的な種として、アダンソンハエトリ、少し郊外にいくとミスジハエトリ、西日本ではチャスジハエトリがよく見られます。また建物や倉庫の隅などにはオオヒメグモやイエユウレイグモなどが不規則な網を張ります。古いたんすや引き出しの中にはシモングモが、さらに建物の壁や塀にはヒラタグモやチリグモ、シラヒゲハエトリなどが見られます。西日本や南西諸島にいくと巨大なアシダカグモも見られます。家屋のゴキブリも食べてくれます。

このように、屋内には様々な種類のクモがいるわけですが、**部屋の種類（地下室・居間・台所・浴室など）によっても出現するクモも違う**そうです。たとえば、アメリカの50件の家を対象に、屋内に生息する節足動物相を徹底的に調べた研究によりますと、地下室や居間、浴室にはヒメグモ科のクモが多く、一方、ユウレイグモ科のクモはどの部屋にも頻繁に出現するようです[1][2]。クモは多くの節足動物の中でも頻繁に見られるグループであることから、屋内における普遍的な生き物といえるでしょう。

屋外にも目を向けてみると、公園の街路樹などには大きなジョロウグモが立体的な網を張っています。建物や外壁の隙間を見ると、メガネヤチグモやオーストラリア原産の外来種クロガケジグモなども網を張っています。夜の街灯は、その光に獲物となる昆虫が集まるため、よい餌場となります。コンビニや駅にはズグロオニグモやイエオニグモなどが夕方頃にせっせと網を張る光景も見られます。**生き物の不毛地帯と思われがちな都市部ですが、目を凝らして見ると意外や意外、そこかしこにクモが見られるのです。**[※1]

都市化が進むとどうなるの？

都市に見られるクモですが、やはり自然環境に見られるクモとは異なります。どのような特徴があるのでしょうか？　海外でも、都市部にどのようなクモが棲んでいるのかに興味が持たれていて、多くの研究がなされています。それらの研究結果

※1／「第1節　あのクモの名は」も参照。

によると、**都市部では種の多様性自体はやはり低く、特定の種が優占する傾向があるようです**[1]。

たとえば、アメリカ・アリゾナ州の都市部における様々な環境でクモ相を調べた研究によると、農地や中庭などは、その他の乾燥した環境よりも生産性が高いそうで、これらの環境ではクモの個体数は多いものの、コモリグモやサラグモなど一部の分類群のクモが優占し、クモの多様性自体は低いようです[3]。また、ハンガリーの農村地域から都市部への勾配に沿ってクモ相を調べた研究によりますと、都市部では草地や耕地を好む開けた環境を好むクモが多いのにたいし、農村地域では森林に棲むクモの比率が郊外や都市よりも高いことなども分かっています[4]。

都市部では、生息地となる緑地や森林などの自然生息地が開発によって縮小し分断化される傾向があるため、そうした環境に生息するクモは減少します。ただし、この都市化に伴う土地利用の変化が及ぼす影響は、クモの種によっても違ってきます。このような都市化がクモに及ぼす影響を調べた研究は、日本でも行われています[5]。

横浜と東京の都市部の森でクモ相を調べた研究によると、コガネグモ科の大型種は、断片化の進んだ小さな森ではほとんど見られなくなります。これは、これらのクモにとって重要な、大型の餌が森のサイズが小さくなるに伴って少なくなるからだと考えられます。一方、ジョロウグモ（*Nephila clavata*）は、生息地の断片化が進んだ都市部の森林でも見られるようです。この理由として、ジョロウグモは小さな獲物に依存するという違いがあります。

どういうことかというと、ジョロウグモは大型のクモですが、その網構造は緻密で、獲物を捕獲するための横糸が密に張りめぐらされており、大型の餌だけでなく小型の餌も捕まえやすい構造になっているのです[6]。ハエ類を中心とする小型の餌は都市部でも発生していることから、結果的にジョロウグモは都市でも生き残れるようです。しかしながら、断片化が進んだ小さな森ほど利用できる餌量が減るため、ジョロウグモの成体のサイズは小さくなるそうです。ざっくりまとめると、**クモがどのような餌に依存するか、どのような網を張るかによって都市化が及ぼす影響は変わってくる**ということです。

都市と田舎のライフスタイル

私たち人間は、田舎と都市部ではライフスタイルが違い、結果的に運動などの生活習慣を介して、暮らしぶりや健康状態など、様々な面に影響を受けています。これは人間に限ったことではなく、どうもクモにもそのような違いがあることが近年の研究から分かってきました。

都市と田舎とでは、様々な環境の違いがありますが、大きな違いとして気温が挙げられます。ヒートアイランド現象という言葉をご存じでしょうか？　これは都市部の気温が周辺の郊外に比べて高温を示す現象です。

このヒートアイランド現象は小さな生き物の代謝コストの上昇を招くため、より小さな体サイズへの変化を促進すると予想されます。実際に様々な動物（バッタ・コウチュウ・チョウ・ワムシ・クモなど――）を対象に、都市化が生物群集のサイズに及ぼす影響を調べた研究によると、多くの分類群では、予想どおり、都市部では郊外に比べてよりサイズが小さな種で占められることが分かりました[7]。

クモも例外ではありませんが、興味深いことに、網を作るクモと地表徘徊型のクモ（網を張らないクモ）とでは影響が違うようです。どういうことかというと、**徘徊性のクモでは、都市化が進むとサイズが小さい種の比率が多くなるようですが、造網性クモの場合は、体のサイズはほとんど変化しない**ようです。これは後にも述べますが、造網性クモの場合は網のサイズやデザインを柔軟に変えることができるため、ヒートアイランドに伴う利用可能な餌のサイズや量の変化などにもうまく対応できているからだと研究者たちは解釈しています。個別の種でも、都市化にたいする様々な影響が見られます。

フロリダ州におけるアメリカジョロウグモ（*Nephila clavipes*）を対象とした研究によりますと、なんと**都会に生息するジョロウグモは田舎に生息するジョロウグモに比べて、60％も脚が長く、35％も腹部が長いこと、さらに網も田舎や公園のクモに比べて網が大きく、網を張る場所も地表面高くに作られる**ことも分かりました[8]。造網性クモにおいて長い歩脚は垂直方向への移動に有利であることから、これらはビルや支柱など垂直方向の構造物が多い都市環境にうまく適応した結果だと考えられます。

また、変化するのは体のサイズだけではありません。ヨーロッパのニワオニグモ（*Araneus diadematus*）という種では、都市化に伴い体サイズの減少だけでなく、円網のサイズ（投資量）や横糸同士の間隔も小さくなることも明らかにされています。[9] この変化は、遺伝的な変化と、環境にたいする柔軟な行動の変化によるもので、利用可能な餌が少ない都市部でより多くの餌を捕らえるための適応的な変化だと考えられています。そのため、都市部では餌環境が大きく悪化しているにも関わらず、郊外と比べても、クモの密度や繁殖能力に大きな違いは見られなかったそうです。同様の例は、オーストラリアのジョロウグモの一種（*N. plumipes*）でも知られており、都市部と自然環境では、ジョロウグモの発育や個体数にほとんど差がなかったそうです。[10] これもやはりジョロウグモが都市の環境にうまく適応した結果なのではないかと、研究者たちは解釈しています。

都市化は生き物にたいする負の側面が取り上げられがちですが、ここまでに示した例のように、クモは人間が新たに作り出した環境にたいしてうまく適応し、たくましく生きていることが分かります。

都市のクモを守る意味

都市環境にも、多くのクモが生息していることがご理解いただけたかと思います。では、都市環境においてクモ相[※2]が豊かであることはどんな意味を持つのでしょうか。

一つは、クモは指標生物[※3]として、都市に棲む生き物の豊富さや環境の状態を表していることが考えられます。すでに述べたように、都市部では、多くの場合、大型の餌生物がいなくなることによって、一部の大型のクモが見られなくなります。逆に都市部で大型のクモが見られるということは、それだけクモを支える餌となる生物相が豊かなことを表しているのかもしれません。私は現在都市部に住んでいますが、ごくまれにコガネグモやナガコガネグモなど大型のクモを見かけることがあり、「おおっ」と思わず声をあげてしまいます。これは近くにある緑地が関係しているかもしれず、生き物を維持するうえでのちょっとした自然環境の大切さを改めて実

※2／クモに限定した生物相。つまり、その区域にどれだけの種類のクモがいるか。

※3／その存在の有無や数の多さなどが、環境の状態を調べるときに指標（ものさし）になる生物。詳しくは「第21節 豊かさとはクモの数のこと」を参照。

感します。

もう一つは、害虫制御の役割です。家の中に生息するアシダカグモやハエトリグモは、都市部にも多いハエやゴキブリ、カなどの衛生害虫を捕食してくれている可能性があるため、これらの生態にたいする理解を深めることは、人間の健康・公衆衛生を考える上でも大切だと考えられます。[11] 近年、人間の生活の質の向上や環境教育の観点からも、都市部にも生き物の多様性を保全しようという動きもあります。都市に生き物の棲み処を創出する取り組みとして、公園緑地の整備や既存の緑地の保全、建物の壁面の緑化など、様々な取り組み挙げられますが、緑化のしかたや管理の方法によって、そこに生息するクモの数や多様性は大きく変化することも分かってきています。[12]

普段、都市部に住んでいると生き物のことなど気にも留めないかもしれませんが、都市に生息するクモにも、そこに定着するためには様々な自然のプロセスが関わっているのです。都会のクモを観察しながら、その背後にある生物多様性に思いを馳せてはどうでしょうか。

21 豊かさとはクモの数のこと

クモは環境の豊かさを測る指標

生き物は、種類によって生息する環境が異なります。言い換えれば、環境が異なれば、そこに棲む生き物の内訳や組成も変わってくるということです。なので、**そこにいる生き物を見ることで、今その場所の環境がどのような状態かを読み解くことができるわけです。**

こうして生き物を使って環境の状態を知ることは、古くから関心が持たれてきました。実際、水質調査などでは、川の生き物を調べ、点数づけすることによって、その川の水のきれいさ（水質）がよいか悪いかを知る試みもなされています[1]。たとえば、サワガニやカワゲラ類などが見られる川は水がきれいな川だと判定でき、逆にエラミミズやアメリカザリガニなどが見られる川は水が汚ない川だと判定されます。このように、環境の状態を判断するさいの指標になる生き物を**「環境指標生物」**と呼びます。じつはクモも環境の良し悪しを判断するための指標生物として古くから関心が持たれてきました。[2]

環境指標生物としての適性

どんな生き物が環境指標になるのでしょうか？　指標生物となるには、いくつかの条件があると考えられます。大切なことは、環境の状態によってそこにいる生き物の種が入れ替わったり、出現する種数が変化することです。つまり、環境の変化に敏感であることが重要なのです。この点において、**クモは物理的な空間や光環境、湿度など環境の変化に非常に敏感です。**[3]**また、植物の間に網を張るため、植物群落が変わると、そこに棲む顔ぶれも大きく変化します。**たとえば、草むらに棲む造網性クモの種数は植生構造が複雑になるほど、増加することが知られています。[4]

また、クモは種によって暗い環境を好むものと明るい環境を好むものがいるため、光環境によって生息する種がガラッと変わります。たとえば、同じコガネグモの仲間でも、コガタコガネグモは林縁《りんえん》などの暗い環境を好むのにたいして、ナガコガネグモやコガネグモは開けた草っぱらや河川敷など明るい環境で見られます[5]。

クモを指標とするのは、こうした物理的な環境の変化だけではありません。**もう一つの重要な特性は、中間的な捕食者であるという点です。**どういうことかというと、クモは捕食者として、その他の小さな昆虫類を〝餌〟として食べていますし、その一方で、自身もより大きな動物（カエルや鳥）の〝餌〟として食べられています。なので、**クモが多かったり、その種数が豊富だったりする環境というのは、それを支える餌生物や、さらにクモが支える上位の生き物が豊かであることを意味しており、その環境に棲む生き物全体の豊かさを指標している可能性が考えられる**のです[6]。

さらに、適度な種数がいることも大切です。環境指標としてそこに出現する種の多さ（種数）も環境指標になりうるわけですが、あまりにも種数が少ないと比較が難しくなります。また、逆に種数が多すぎると今度は調べるのが大変になるというジレンマもあります。**クモはその点、昆虫ほど多様ではなく、それでいてそれなりの種数がいるため、環境間の違いを見るうえで「適度に多様な分類群」といえるのではないでしょうか。**では実際に環境の変化や撹乱《かくらん》によってクモ群集がどのように変化するのか、その事例をいくつか見ていきましょう。

大型草食獣の影響

シカ類などの大型草食獣が増え、森林の下層植生に影響していることが世界各地で問題になっています。シカが多い場所では、シカが好む植物が食べられることによって下層植生[※1]がほとんどなくなるという影響が生じています。[7] こうした下層植生の影響は、そこに棲む生物相・生物の多様性にどのような影響を及ぼすのでしょうか？　クモを指標生物としてシカによる環境変化の影響を調べた研究がいくつかなされています。

※1／草本や低木などの低い位置の植物の集団。

植物がなくなると、クモ群集にどのような影響が出るのでしょうか？　まず考えられるのが、クモは植物を足場として網を張るため、植物がなくなることによって造網性のクモがいなくなることが考えられます。一方、下層植生がなくなると、構造物がなくなるため、より開けた環境を好む地表性のクモの数は逆に増える可能性が考えられます。

実際、シカ問題が深刻な千葉県の房総半島でクモ相を調べた研究によりますと、シカの密度が高い地域では、シカ密度が低い地域に比べて円網を張るクモは少ないことが分かりました[8]。一方で、落ち葉に網を張るサラグモの仲間（チビサラグモ）は極めて数が多いことが分かりました[9]。これは先に述べた予想と一致しています。

また興味深いことに、オナガグモやフタオイソウロウグモなど、他のクモの網に侵入したり、網の主を食べるクモの数にも変化がありました。シカ密度が高い地域では、これらのクモの数も著しく減っていたそうです。これは餌となるクモの数が全体的に減ったため、クモ食いのクモの数も減ったのだと解釈されます。

つまりシカは、下層植生を変えることによって、植物上に網を張るクモの組成や個体数に影響を与え、さらにそのクモを食べる捕食者の数にまで影響を及ぼしているのです。「風が吹くと桶屋が儲かる」[※2]と言う言葉がありますが、造網クモとクモ食いクモの減少、そして、落葉層のクモの増加といったクモ群集の変化はまさにシカによる環境改変の効果を強く反映しているといえるでしょう。

植物遷移に伴うクモ相の変化

環境は時間とともにどんどん変化します。植物が土地で生育することによる環境形成作用が主な原因となり、時とともに場所の環境が変化していく現象は植生遷移と呼ばれます。**たとえば、草原は、初めは移入定着能力が高い一年生[※3]の植物が優先しますが、そのうち多年生の植物に置き換わります。さらに樹木の種が鳥に運ばれることによってやがて樹木が生え、森林へと発達していくわけです。**クモ群集がこのような植生の変化に沿ってどのように変化するのかも興味が持たれてきました。遷移に伴うクモの数や種の豊かさの研究はたくさんありますが、結果は場所によ

※2／ある事象が、直接的に関係しない事象にまで連鎖的に影響を及ぼすことのたとえ。

※3／一年生植物とは、発芽してから1年のうちに枯死する植物。複数年生き続けるものを多年生植物という。

っても様々です。しかし、共通していえるのは、植物の組成が変わるとそこにいるクモの種構成が大きく変わるということです。また、多年生の植物が増えてくると網を張るクモの数や多様性が高くなるということが分かっています[9]。

日本ではこうした環境の変化と植生の遷移に伴うクモ群集の変化というのはあまり研究がなされていませんが、いくつか研究例があります。たとえば、私たちの研究グループは、使われている水田と放棄された水田を対象に、植生の変化に従って、どのようにクモ群集が変化するかを調べました[10]。

その結果、**水田を放棄した直後は植物の多様性の増加に伴ってクモの個体数が急激に増え、その後、セイタカアワダチソウ群落から、ヨシ群落・クズ群落へと植生が移り変わる過程で、今度はクモの数が減少する**ことが分かりました。一方、種数はそれほど植生の遷移に伴って変化しませんでしたが、種組成は大きく変化しました。どのような変化かというと、放棄直後は、アシナガグモ類やドヨウオニグモなどの水田に生息するクモが多く見られたのですが、遷移が進むに従い、徐々にハナグモやハエトリグモ類が増えるという変化が起きました。

草地だけでなく、森林においても新しい森・古い森のように年齢があります。この林齢はクモ群集にどのような影響を及ぼすのでしょうか。総合地球環境学研究所の原口岳さんは、阿武隈山地の森林保護区を対象に、伐採後1年から107年の齢範囲の森林において、低木層のクモ相を比較しています[11]。その結果、伐採後約10年でクモの群集構造に著しい変化が生じ、種と個体の数はこの後急速に減少することが分かりました。また種構成に関しては、老齢林に固有のクモというのはほとんどおらず、多くのクモは伐採後11年までの森林で見られるようです。環境の変化が生物にどのような影響を与えるかを「見える化」するうえでクモは役に立つことがお分かりいただけたかと思います。

人間活動がクモ群集に及ぼす影響

農業や都市化などに代表される人間活動は、自然生態系を大きく改変し、そこに棲む生物の数にも大きな影響を与えます。たとえば、都市化はそこにあった自然地

や森林を分断化してしまうため、利用できる餌の減少や生息地の減少を通じて少なくなりクモの減少をもたらします。※4

他にも森林の伐採がクモ群集に与える影響や、海外では草地の火入れが与える影響なども調べられています。こうした人間活動に伴う土地利用の変化がクモに及ぼす影響について世界中の研究事例を集めて、その影響をまとめた研究もあります。[12]それによると、多くの生態系における土地管理（森林の分断化、森林火災、農業、殺虫剤の使用、放牧、農地の放棄）はクモの種の豊かさや個体数に影響を及ぼしており、とくに農業生態系と放牧地ではその影響が顕著でした。おそらくこれらの管理は直接クモの生存に悪影響を及ぼしたり、あるいは生息地の多様性を減らしたり、利用可能なエサに悪影響を及ぼすことによって間接的に悪影響を及ぼしていると考えられます。

先に述べた農業活動は、クモ類だけでなく多くの農地に棲む生き物にたいして負の影響を及ぼすことが指摘されています。しかし、近年、農地の生物多様性保全の観点から、化学合成農薬や化学肥料の使用量をできるだけ減らした環境保全型農業

※4／都市化がクモに与える影響は20節を参照。

が世界的に推進されています。日本の水田においても、こうした農業活動が水田に棲む様々な生物に及ぼす影響を把握するため、農林水産省のプロジェクト研究を通じて全国規模で農法と生物多様性との関係を明らかにする研究が行われました[13]。

それによると、**除草剤および殺虫剤を使わない有機農法は、慣行農法に比べて、水鳥やカエル、トンボ（アカネ類）、植物、そしてアシナガグモ類など多くの水田に棲む生き物の個体数や種類を増やすことが分かりました。**この有機農法が田んぼの生き物を増やす仕組みは生き物によって異なりますが、アシナガグモ類の場合、除草剤や殺虫剤の不使用に伴うエサ生物の増加が個体数の増加に大きくかかわっているようです。このようにクモ類は農薬の影響や管理の影響を強く反映することから、農法が生物多様性に及ぼす影響や、生物多様性保全の取組効果を評価するための指標生物の一つとして使用されています。すなわち、クモを含むいくつかの指標生物の数を、捕虫網による掬い取りやラインセンサス等で調べることによって、その水田の生物多様性が豊かかどうかを点数づけできる方法です。この水田の生物多様性を評価する方法は、「農業に有用な生物多様性の指標生物調査・評価マニュアル」[※5]「鳥類に優しい水田がわかる生物多様性の調査・評価マニュアル」[※6]として農研機構のｗｅｂ上で公開されています。クモが指標生物として使用されている貴重な事例ですので、興味のある方はぜひチェックしてみてください。

クモの生息・分布情報を蓄積しよう

日本蜘蛛学会の新海栄一さんがそれぞれの環境に出現する代表的なクモを、環境を表す指標生物として選定しています。しかし、個々のクモについては経験的なものが多く、実際には各種の分布や生活史・生息地に関しては定量的なデータというものは（少なくとも日本では）ほとんどありません。また、節足動物で環境指標生物としてはトンボやチョウなどがよく引き合いに出されますが[14]、クモ類ではまだ各種の生息地との結びつきがよく分かっていないため、先に述べた水田の生物多様性マニュアル以外では実用化に至っていないのが現状です。クモを指標生物として実用的なものにするためには、より多くの生息地のデータを蓄積していく必要がある

※5／2012年。(http://www.naro.affrc.go.jp/archive/niaes/techdoc/shihyo/)

※6／2018年(https://www.naro.affrc.go.jp/publicity_report/publication/pamphlet/tech-pamph/080832.html)

といえるでしょう。

クモ各種の生息環境の記述は非常に難しいわけですが、イギリスのクモ学会では各種がどんな環境に生息しているか、見つかっているかについてきめ細かく記述する仕組み（スキーム）を作っており、その収集した情報をデータベースとして公開しています。※7 このデータベースでは分類群別、アルファベット別でクモ各種の情報を検索することが可能です。調べたい種のページを選ぶと、イギリス全土におけるその種の分布記録があった場所を示す地図やその種の分類学的情報、その種が見つかった場所の標高の範囲、成体が見つかった時期や生息地（森林か、湿地かといった大きな環境から、植生がまばらか、密か、地表に近いかどうかという細かい環境まで）情報をまとめたグラフ、さらに生態写真まで表示してくれるという極めて優れたシステムなのです。

日本において全種を対象に、文献や採集リストを基に各種の全分布記録や生態情報をまとめた「CD日本のクモ」という優れたデータベースが日本蜘蛛学会の有志らによって作られていますが、細かい生息地に関するデータは記述的であるため、

※7／「Spider and Harvestman Recording Scheme website」http://srs.britishspiders.org.uk

今後はより定量的な生息地のデータを収集していく必要がありそうです。またまだ日は浅いですが、日本蜘蛛学会でもクモの分布記録を蓄積するシステムが構築されています。[※8] こうしたデータを地道に蓄積することで、クモ類と環境の関係が明らかになるに違いありません。

※8／「クモ類生息地点情報データベース」(http://www.arachnology.jp/DDBSJ.php?n=3)

22 クモがいるだけで

農作物のボディーガードとして

クモは肉食性の動物ですから、ほぼ例外なく昆虫など他の動物を食べて生きています。クモは田んぼや畑にたくさんいて、**ありがたいことに、作物を食い荒らす様々な害虫も食べてくれます。**なんと世界の農地全体で年間数百万tもの害虫を食べているという試算もあります。[1] 米や野菜、果物を作るときに害虫に食べられることによる被害（食害）は、どの農家にとっても共通の悩みですから、クモは農業の強い味方でもあるのです。

ところで、**害虫による作物被害をクモが減らしてくれるというその仕組みは、必ずしも「害虫を食べるから」だけではないようです。**興味深いことに、クモの存在そのものが、害虫による作物被害を減らすことが知られています。ここではそのような例をいくつか紹介したいと思います。

ただいるだけで、食が細る？

まず一つ目に、クモが害虫の作物被害を減らす仕組みとして、害虫がクモに食べられることを恐れて、植物を食べる活動を控えるという現象が知られています。この現象はアメリカの研究者らによるユニークな実験によって明らかにされました[2]。それは、バッタとその餌となる植物を入れた区画をたくさん用意し、その中に①徘徊性のクモ（キシダグモの仲間）を入れる実験区と、②クモを入れない実験区、さらに、③糊《のり》で口を塞いだクモを入れた実験区を作るというものです。

糊で口を塞がれたクモは、当然バッタを食べることができません。なので、この口を塞いだクモがいる実験区（③）とその他の実験区（①、②）を比べることで、「クモがいることだけによる効果」と「クモがバッタを食べることによる効果」をそれぞれ調べることができるのです。

さて、結果はどうなったのでしょうか？　これら三つの実験区の間で、バッタによる植物の食害量を比べたところ、まず、口を塞いでいないクモがいる実験区（①）ではクモがいない実験区（②）に比べて、バッタによる植物の食害量が大幅に減ることが分かりました。ここまでは想定どおりの結果ともいえますが、注目すべきはクモの口を糊で塞いだ実験区（③）での結果です。

なんと、クモはバッタを食べることができないにもかかわらず、バッタによる植物の食害量は、クモがいない実験区に比べて著しく少なかったのです。さらに詳しくみると、クモがいる実験区では、いない実験区（②）に比べて、バッタが植物を食べる時間が短くなっていました。

このことから**クモの存在そのものがバッタの餌を食べる活動を抑え、植物への被害量を減らしている**と考えられました。※1

※1／捕食者の存在が植食者の行動を変えて植物に影響を及ぼす効果は、形質介在効果（Trait-Mediated Effect）と呼ばれている。その後の研究により、この被食者の行動の変化は、さらに植物の多様性[3]や落ち葉の分解速度[4]にまで波及することが明らかにされている。

虫にはありがたくないクモの糸

クモが田んぼや畑で活躍するもう一つの仕組みは、「糸」の存在です。クモが出す「糸」も植食性昆虫による植物の食害を減らすことが、近年の研究で明らかにされています。この研究では、人為的にクモ（アシナガグモ属のクモ）の糸を付着させたインゲンマメの葉と、糸をつけていないインゲンマメの葉を置き、植食性の昆虫（マメコガネとインゲンテントウ）にどちらの葉が食べられるかを調べています。[5]

その結果、**クモの糸が付いた葉のほうが、害虫に食われる量が減る**ことが明らかになりました。一方で、カイコの糸を付けた葉でも、クモの糸ほどではないものの同様に食害が減ることから、必ずしも「クモの糸」だから食害が減ったわけではないようです。しかし、クモがいなくても、糸だけで害虫の食害を抑えることができるのは興味深い結果です。**クモは、移動時にはつねに命綱（しおり糸）を引きながら歩いているので、たくさんのクモが農地を動きまわること自体が、害虫による作物被害の軽減に一役買っているのかもしれません。**

さらに、クモがいることで害虫の行動を変え、結果的に害虫の死亡率を高めるという例も知られています。ハスモンヨトウというガはサトイモやダイズなど様々な植物を食害する農業害虫※2として有名で、若齢幼虫はびっしりと群れをなして農作物の葉を食い荒らします。[6] 農地に普遍的に見られるコサラグモの仲間（ニセアカムネグモやセスジアカムネグモ）は、このハスモンヨトウを食べてくれる天敵です。コサラグモ類は、夜間に作物の葉の上を徘徊して餌を探しまわるのですが、**ハスモンヨトウの幼虫がこのコサラグモ類に遭遇すると、クモを避けるために群れはバラバラに逃げます**。逃げまわった幼虫の一部は植物から地面に落ちますが、地面に落ちた幼虫は再び葉に戻ることができず、餓死したり、あるいは地表を徘徊する他の捕食者に食べられてしまうそうです。コサラグモは小型のクモであり、クモ自身がハスモンヨトウを食べる量は多くありませんが、クモによる群れの攪乱が結果的にハスモンヨトウの死亡率を大幅に高めているのです。

※2／作物を食べるなどして被害をもたらす、主に草食性の虫。

天然の防虫ネットが活躍！

最後に、クモの大きな特徴の一つとして、網を張って餌を捕らえる行動が挙げられますが、この網は、クモが実際に食べきれる餌の量よりも多くの虫を捕らえていると考えられます。たとえば、アザミウマやアブラムシなど、1～2㎜に満たない小さな虫は、クモに気づかれないまま、たくさん網に放置されていることがあります。これらの小さな虫たちは粘着性のある糸から脱出できないため、そのまま力尽きて死んでしまうのです。

円網性のクモは、網を張る場所を移動するさいには、網を回収して食べることが知られていますが、サラグモやタナグモなどのクモは、移動時に網を回収せず、そのまま残していきます。これらのクモが作る立体的な網は円網に比べて頑丈であるため、**網は主がいなくなってもしばらく残り、虫を捕殺するトラップとして機能し続ける**のです[7]。そのため、クモの網の数はクモの個体数よりも多く存在し、クモが食べる量以上にたくさんの害虫を駆除している可能性が考えられます。

以上のように、クモは害虫を直接食べるだけでなく、害虫の行動を変えたり、害虫の群れを攪乱したり、あるいは網という防虫ネットを仕掛けることによって、害虫の数や活動性を抑え、結果的に農作物を害虫から守っていると考えられます。もちろん、これらの現象はクモが生きるための営みの結果であり、けっして人間のために行っているわけではありません。しかし、私たちはこのクモの習性や行動を理解し、うまく利用することによって、将来的に環境にやさしい害虫防除の技術を開発につなげることができるかもしれません。

23 田んぼとの深い関係

水田で見かけるクモの生態

クモは農業と密接な関係があります。前節で述べたとおり、クモは捕食者として害虫から作物を守るボディーガードとして活躍しています。それだけではありません。近年、農地は作物を作る場所としてだけでなく、生き物の棲み処としても注目を集めており、クモは環境のよさ、農地に棲む生き物の豊かさを示すバロメーターとしても役立つことが分かってきました。それはどういうことでしょうか？ ここでは日本人に馴染みの深い農地である水田に注目し、そこに棲むクモとその役割について紹介したいと思います。

田んぼに見られるクモ

田んぼの中にはどんなクモがいるのでしょうか？　網を張るクモから徘徊するクモまで、じつに様々な生態を持つクモが生息しています。

代表的なクモは、アシナガグモ（アシナガグモ科）と呼ばれるクモです。このクモは造網性のクモで、イネの株間に水平な網を張っています。水面に目をやると、そこはキクヅキコモリグモやキバラコモリグモなど、徘徊性のコモリグモ類（コモリグモ科）が水面の上で餌を待ち構えています。さらにイネの株元をかき分けてみると、コサラグモ類（サラグモ科）やヒメアシナガグモの仲間（アシナガグモ科）など2～3㎜程度の小型のクモが潜んでいます。これらのクモは網を張るクモの仲間ですが、網を張らずに餌を探し回る、徘徊性のクモとしての性質も備えています。

この他にもイネの株上を徘徊するヒメフクログモ（フクログモ科）や、株元で餌を待ち構えるクロボシカニグモ（カニグモ科）などがいます。このように、ひとくくりに「田んぼのクモ」といっても、クモのグループや種類によって微妙に棲む場所が異なっており、お互い捕食者でありながら、うまく共存できているのです。また、後で詳しく述べますが、**様々なクモが田んぼのいろんな場所で待ち構えることによって、特定の害虫が増えるのを防いでいる**のです。

ところで、田んぼには何種のクモがいるのでしょうか？　田んぼの周りの畔《あぜ》や雑草地を含めると、１００種以上もいます。私は現在農業生産と生物との関わりを調べる研究機関に所属しており、かつて日本各地の水田を対象に、そこに生息するクモの数や種の豊かさを調べたことがあります。その結果、田んぼの中（田面）だけに注目すると、トータルで50種強であることが分かりました。また、地域によってクモ相も変わるので、一つの地域ではだいたい20～30種ほどです。これだけの種類のクモが田んぼの中にいるとは、意外と知らない人が多いのではないでしょうか。

連携プレーで害虫防除

田んぼのクモは害虫を食べてくれると考えられていますが、じつはそれほど多くの証拠があるわけではありません。ただ、いくつかの事例や研究結果などから、そうした活躍をしてくれているのでは、と期待されているのです。

たとえば今から50年ほど前に、ツマグロヨコバイという虫がイネの萎縮病や黄萎病※1という病気を媒介し、イネの生産に甚大な被害を及ぼしました。また、厄介なことに**この害虫は殺虫剤への耐性も持っているため、殺虫剤を撒くことでツマグロヨコバイは減らずに天敵だけが減り、散布前よりもかえって害虫が増えてしまう**という事態にもなってしまいました※2。

こうした背景から、農薬をできるだけ使わずに、むしろ野外にいる害虫の天敵の働きを活かして、害虫の密度を低く抑えようという動きが出てきました。日本の昆虫研究者らは、野外におけるツマグロヨコバイの個体数の増減がなんで決まっているのかを調べたところ、ツマグロヨコバイの天敵として、田んぼに普遍的に見られるキクヅキコモリグモという種が重要であることが分かったのです[1]。とくにこの種はツマグロヨコバイ幼体期の死亡率に強く貢献しており、害虫が増えるのを未然に防いでいることが分かりました※3。

※1／萎縮病も黄萎病も次の世代まで病原体が残る病気。

※2／この現象はリサージェンス（誘導多発性）と呼ばれている。

※3／↓次ページ

近年では、ツマグロヨコバイに代わり、斑点米といって質の低下したコメをもたらす斑点米カメムシ類の被害が増えてきています。最近の研究では、この斑点米カメムシの天敵として、水田に棲むアシナガグモ属のクモ、コモリグモ科のクモが重要な役割を果たしていることが分かってきました[4]。

そして興味深いことに、これらの造網性のクモと徘徊性のクモはお互いに連携することで、斑点米カメムシの密度を減らしている可能性があるようです。

いったいどういうことでしょうか？　斑点米カメムシの多くはイネの穂をめざして水田に入ってくるため、水面上で待ち構えるコモリグモに食べられることは滅多にありません。ところが、網を張るアシナガグモが多く生息する水田では、なぜか地表にいるコモリグモが、より多くのカメムシを食べていることが分かったのです[5]。なぜでしょうか？　この仕組みとして考えられるのが、**アシナガグモの網にかかったカメムシが脱出しようともがいて、水面に落ち、その後水面で待ち構えていたコモリグモがカメムシを食べる……、という流れです。**実際の観察でも、アシナガグモの網は斑点米カメムシを長く網に保持する力はなく、高い確率でカメムシに逃げ

※3／水田以外の畑・果樹園でもクモは害虫の数を抑える天敵として役立っていることが海外の研究で示されている。例を挙げると、果樹園においては、エビグモ属（*Philodromus*）やイヅツグモ属（*Anyphaena*）の樹上性のクモが[2]、一方、畑ではコモリグモ科（Lycosidae）のクモに代表される地表徘徊性のクモが害虫密度の抑制に役立っていると考えられている[3]。

られる様子が見られるようです。

重要な点は、どちらか一つのタイプのクモが欠けると、この連携プレーが成り立たないということです。最初に述べたように、様々な捕食習性を持つクモが田んぼのいろんな場所に潜んでいるわけですが、こうした多様なクモがいることによって、害虫の密度が低く抑えられるわけです。※4

私たちも農林水産省の研究プロジェクトの一環で、かつて北関東の水田地帯においてクモや害虫類の数を調べていましたが、ここでもアシナガグモ属のクモが多い田んぼほど、害虫であるヒメトビウンカの密度が減るという傾向が見られました。[7]

これもまた興味深いことに、**殺虫剤を使用していない田んぼ（特別栽培水田）のほうが、殺虫剤を使っている田んぼ（慣行栽培水田）よりもアシナガグモ属のクモの個体数が多く、ヒメトビウンカの個体数は少なかったのです。**

なぜ殺虫剤を使っている水田では、むしろ害虫の数が増えるのでしょうか？　ヒメトビウンカも殺虫剤（ネオニコチノイドやフィプロニル）にたいする耐性を持っていることから、おそらくウンカには殺虫剤がそれほど効かず、むしろ天敵が少な

※4／捕食者の種多様性が増えると、逆に捕食者同士で共食いが起こることもある。結果的に捕食者が植食者の数を抑える力が弱くなり、その結果、植食者が増え、植物への食害が増える。[6] これは捕食者同士が同じような生息地や習性を持つときに起こりやすいと考えられる。

くなった影響のほうが大きかったようで、クモから解放された結果、慣行栽培水田で数が増えてしまったのかもしれません。殺虫剤を使わない水田でウンカが減る仕組みについてはさらなる研究が必要ですが、環境にやさしい農業で天敵が増え、害虫の被害を抑えられるのであれば、それは理想的な農業の形といえるでしょう。

周りの環境が及ぼす影響

田んぼのクモは、害虫を抑えるうえで大切な役割を担うことを分かっていただけたかと思います。では、この有用な天敵であるクモを増やすにはどうすればよいのでしょうか？　これを明らかにするためには、クモの数が何によって決まっているのかを明らかにする必要があります。一つの重要な要因として、田んぼの周りの環境がクモの生息地として役立っている可能性が考えられます。なぜなら田んぼはイネの収穫が終わると春まで水も植物もない状態が続きます。また耕起が行われると田んぼの中の生き物相はリセットされます。そのため、**田んぼがクモの生息に都合**

※5／農地のクモの個体群を支える餌資源として、古くからハエやトビムシなどの腐食物から発生する小さな昆虫類の重要性が指摘されている[8]。なぜなら、生

がよいのはほんの一時的であり、それ以外のシーズンは基本的には田んぼの周りの環境に棲んでいると考えられるのです。またこれはクモだけでなく、餌となる昆虫についても当てはまります。周囲の環境条件がよければ、そこからクモの餌生物が供給され、クモの数が増える可能性もあります。

私たちの研究グループは、農林水産省のプロジェクト研究の一環で、田んぼに棲むクモの数が周囲の環境によってどのように変わるかも調べてみました。調査の結果、周囲に森林の面積が多い田んぼほど、そこに棲むアシナガグモ類（造網性）とコモリグモ類（地表徘徊性）の数が著しく増えることが分かりました。[7] 田んぼで見られるアシナガグモ類とコモリグモ類は、基本的には森の中には生息していません。ですから森林の増加によって田んぼのクモが増える仕組みとして、おそらく周囲の森林からクモの主要な餌であるハエなどの昆虫類が供給されている可能性が考えられました。※5 実際にアシナガグモ類の網によくかかっているユスリカ類（ハエ目）の数を調べてみると、やはり森林に囲まれた水田ほど餌となるユスリカ類の個体数も増えることが分かったのです。[9] 一方、小型のサラグモ類やヒメアシナガグモ類など

まれた直後のクモはとてもサイズが小さいため、これらの小昆虫は子グモが利用することができる貴重な餌資源となるからだ。イネを植えた初期の段階でこうしたハエやトビムシなどの小昆虫が多ければ、クモは十分にその数を増やすことができ、イネの成長に伴い出現する害虫類の発生を未然に防ぐことができる。その意味で、クモを支える餌生物は、作物害虫を抑制する影の立役者といえるだろう。

については、コモリグモ類やアシナガグモ類とは逆に、むしろ周囲に森林が多い田んぼでは数が減り、周囲に何もない開けた田んぼのほうが数が多いことが分かりました。これらの小型のクモ類は、開けた草地や畑地など植生の少ない明るい環境を生息地として好むため、森林に囲まれた水田では数が少ないのだと考えられます。

このように、水田に棲むクモであっても、水田の中の環境だけでなく周囲の環境からの影響を強く受けていることが分かります。そしてその影響は、個々の種の習性や特性によって変わることも分かってもらえたかと思います。では、実際に田んぼの周囲にどのようなクモが棲んでいるのかというと、じつはそれを調べた研究というのはとても少ないのです。そのため、私も田んぼに水がない時期（春）、アシナガグモ類が田んぼの周りのどこに生息しているのかを調べてみました。その結果、分かったことは、アシナガグモ類は種によって大きく生息環境が違うということでした。たとえば、ヤサガタアシナガグモとハラビロアシナガグモという種はコンクリート水路にたくさん見られました[10]。**水路は人工物ではあるのですが、田んぼに水が入っていない時期、これらのクモにとって大切な棲み場所になっている**と考えられます。一方、他のアシナガグモ類（アシナガグモ、トガリアシナガグモ）は水路ではほとんど見られず、耕作放棄地など、イネ科の植物が多い半自然的な草むらにいることが分かりました。同じアシナガグモの仲間でも種によって棲み場所が全然違っていることから、周りに様々な環境があることによって、田んぼのクモの多様性が豊かになっていることが考えられます。

環境指標としてのクモ

最近の研究により、田んぼのクモは殺虫剤を使用しない有機栽培水田や無農薬水田でものすごく数が増えることが分かってきました。近年の殺虫剤はたくさんの昆虫を無差別に殺すような強力なものではなく、特定の昆虫にのみ効果を発揮するものが多いため、殺虫剤によって直接的にクモが減るということは、あまり考えられません。また、箱施用型の殺虫剤に関しては、移植直前の苗に使用するものなので、クモは直接殺虫剤にさらされることはありません。なので、なぜ殺虫剤を使わないとクモの数が増えるのかというと、むしろ田んぼの水から発生するハエなどの餌昆虫が増加するためだと考えられます。[7][11] つまり、**クモの数が多い水田は、餌生物も多い**ことを意味しており、そのため、クモは水田の環境のよさ・生き物の豊かさを指標する生き物として近年注目を集めています。21節でも少し紹介しましたが、農林水産省では環境にやさしい農業を促進するため、生物が暮らしやすい生物多様性の豊かな水田を判定するための方法をマニュアルとして公表しています。※6 このマニュアルでは、鳥・植物・トンボなど特定の生き物（指標生物）の数を調べることによって、その田んぼに棲む生き物の豊かさを評価する方法を紹介しています。

その調査項目の一つに、アシナガグモ類も含まれています。私もこのマニュアルを開発する仕事に一部関わっていましたが、クモが生物多様性の評価指標として役立つことは非常に嬉しく思います。以上のように田んぼのクモは、他の生物、周囲の環境、人間活動と密接に関わっていることが理解していただけたかと思います。身近な田んぼのクモは、人と自然との関わりについて考えるきっかけを与えてくれるかもしれません。

※6／農研機構ウェブページ「鳥類に優しい水田がわかる生物多様性の調査・評価マニュアル」（http://www.naro.affrc.go.jp/publicity_report/publication/pamphlet/tech-pamph/080832.html）

24
毒を持つのは誰か

ほぼすべての無害なクモとごく一部の危険なクモ

私が講演や観察会をして、よく聞かれる質問が、

「このクモは毒を持つのか」

「人間にとって危険なクモはどのくらいいるのか？」

というものです。**多くの人が、クモが危険な生物だと認識している**ことの表れです。世界で約4万8000種いるクモのうち、ほとんどの種が獲物をしとめる毒を持っているものの、人間にたいしてはほぼ無害です。また、なかには毒そのものを持たないクモもいます。とはいえ、一部の危険な毒を持つクモがいるのもまた事実なので、そのクモばかりがクローズアップされるのでしょう。ここではクモの毒と

毒グモについて詳しく紹介し、クモの危険性について正しい知識を持ってもらえたらと思います。

クモの毒の正体

クモは、ウズグモ科など一部のグループを除き、捕獲した獲物を麻痺させるための毒を持ちます。※1 毒は、鋏角《きょうかく》（上顎）の基部から頭部にかけて存在する毒腺から分泌され、そこから延びる管を伝って牙の先端から放出されます。

この毒の成分は、単一の物質で構成されているわけではありません。複数のタンパク成分・非タンパク成分で構成されており、クモの種によってその主成分も異なります。これらの毒は神経毒ですが、グルタミン酸やγアミノ酪酸などの伝達物質を介した、主に節足動物の神経系にのみ作用します。そのため、人間をはじめとする脊椎動物の神経系は、アセチルコリンという別の伝達物質を介するものなので、作用しません。[2] そのため、クモに咬まれた場合、物理的な痛みは伴うものの、毒そ

※1／ウズグモ類は毒の代わりに糸を強く餌に巻きつけることで、獲物を圧死させて仕留めることが知られている。[1]

のものは人間にとって致命的な害を及ぼす恐れはありません。

一方、国内に生息するカバキコマチグモ（*Cheiracanthium japonicum*）、イトグモ（*Loxosceles rufescens*）、さらに外来種として侵入、定着したゴケグモ類など、ごく一部のクモの毒は例外的に人間にも作用し、健康被害をもたらす恐れがあるので、注意が必要です。

ゴケグモ類は危険か？

ゴケグモ類は、よくニュースでも取り上げられるので、聞いたことがある人も多いかと思いますが、ヒメグモ科のゴケグモ属（*Latrodectus*）に属するクモ類の種全般を指します。**交接時にメスがオスを捕食する性的共食いの習性を持つため、英語で widow spider（未亡人・後家）と呼ばれており、この訳語として「後家蜘蛛《ごけぐも》」が当てられています。**本属は世界から約30種が知られていますが、そのうち国内から記録がある種はセアカゴケグモ（*L. hasselti*）、ハイイロゴケグモ（*L. geometricus*）、クロゴケグモ（*L. mactans*）、ツヤクロゴケグモ（*L. hesperus*）、アカオビゴケグモ（*L. elegans*）の5種です。八重山諸島に分布するアカオビゴケグモ以外は外来種であり、外来生物法により特定外来生物に指定されています。

ゴケグモ類は網を作って獲物を捕らえる造網性のクモです。網は漏斗《ろうと》状の住居部とそこから展開するシート状の網とその上部の不規則網によって構成されています。外来のゴケグモ類は主にビルの周辺、港湾部、公園など人工環境に多く、より細かい生息環境としてグレーチングの下、側溝の中、ベンチの下、花壇の敷石の間など、地面の近くに生息しています。クモ自体の攻撃性は低く、さらに刺激を与えると擬死するため、積極的に手を出さない限りは咬まれる危険性は少ないでしょう。

ゴケグモの毒の主成分はアルファ・ラトロトキシン（α-Latrotoxin）というタンパク質で、神経系に作用する毒です。症状としては、針で刺されたような痛みがあり、咬傷部は熱感を持ち、局部的な発汗の後、痛みが始まり全身に広がります。[3]海外ではアナフィラキシーショックによる死亡例もありますが、けっしてその率は高くなく、また国内においてセアカゴケグモにおける咬傷事例が数十件報告されてい

ますが、いずれも痛みとしびれ程度の軽症にとどまり、重症化したケースはありません。※2

ちなみに、ゴケグモ類と同じヒメグモ科のクモはしばしばゴケグモと誤認されます。そのよく誤認される種として、ハンゲツオスナキグモ（*Steatoda cingulata*）、オオヒメグモ（*Parasteatoda tepidariorum*）やマダラヒメグモ（*Steatoda triangulosa*）が挙げられます。**これらの種はセアカゴケグモとしばしば同所的に見られますが、ゴケグモ類は共通して腹部の下面に砂時計のような形をした赤い模様を持つため、この有無で容易に区別することができます。**また、見た目や大きさがまったく異なる生き物がゴケグモにまちがわれるケースも非常に多く見られます。ゴケグモ類とまちがって、県の研究機関に持ち込まれた生き物として、ジョロウグモ、オニグモ類、アシダカグモ、コハナグモ、ゴホントゲザトウムシ、ヨコヅナサシガメなどの様々な節足動物が報告されています[4]。

このようなまちがいが起きる理由として、多くの人がクモの形態的特徴を把握しておらず、毒々しい派手な色彩を持つという特徴のみに注目しているからでしょう。

※2／咬まれたときは、すみやかに医療機関に相談を。環境省外来生物対策室では、できれば咬んだクモの種類が分かるように殺して病院へ持参することを呼びかけている。

この誤認によって多くの罪のない在来種がまちがって駆除されることも多いので、それを避けるうえでも、**普段から生き物の特徴を捉える目を養っておく必要**があります。

セアカゴケグモの今

セアカゴケグモは国内で最も分布拡大に成功したゴケグモ類の一種です。1995年に大阪府で初めて発見され、2018年現在までに42都道府県で都市部を中心に確認されており[5]、近年では農地でもちらほら発見例があります。ゴケグモ類は都市部などの人工的環境以外の自然環境での定着例はあまり知られていませんが、近年、一部の海浜環境にも侵入していることが報告されています。本来、砂浜は植生がまばらであり、ゴケグモ類にとって網を張るための足場がないため、生息環境として不適だと考えられていました。しかし、愛知県では、海岸に植栽された外来種のアツバキミガヨラン（リュウゼツラン科）を足場として、海岸の内部にまでセアカゴケグモが生息域を拡大していることが分かってきました[6]。

これらの砂浜では、オオヒョウタンゴミムシなど希少な海浜性の在来昆虫がセアカゴケグモに捕食されており、人間への健康被害だけでなく、在来生態系への悪影響まで懸念されています。これらの外来種を駆除するためには、たんなる薬剤散布による駆除だけでなく、足場となる植物を除去するなど適切な生息地管理も必要だと考えられます。

身近な毒グモ・カバキコマチグモ

カバキコマチグモ（*Cheiracanthium japonicum*）は、コマチグモ科に属する徘徊性の在来性クモです。本種は南西諸島を除く九州から北海道にかけて分布し、ススキ原などのイネ科植物が優占する乾燥した草地に生息しています。昼間はイネ科の植物を折って作った住居に潜み、夜間に巣外で餌を探します。産卵期には産室という卵を保護するためのチマキ状の住居を作ります。毒成分としてセロトニンなどの発痛物質が含まれており、その症例として刺咬部周囲は発赤腫脹し、強い疼痛、しびれ感が生じ、ときに呼吸困難・食欲減退といった全身症状に発展する場合もあります。攻撃性が強く、とくに卵を守っているメスは手を近づけると威嚇したり、咬もうとします。私も調査時にこのクモに遭遇することがありますが、**非常に攻撃性が高く、クモ好きといえども、ちょっとした恐さを感じてしまいます。**ちなみにこのカバキコマチグモの近縁種であるアシナガコマチグモ（*C. eutittha*）という種のメスに思いっきり咬まれたことがありますが、強い痛みを感じるものの一時間後くらいには痛みが引きました。同属の種でもずいぶん毒の強さに違いがあるものだと感じました。

余談ですが、このクモは母親が孵化した子グモに体を食料として与える「**母親食い**（Matriphagy）」という変わった習性が見られます[7]。近縁のヤマトコマチグモやアシナガコマチグモなどではこのような習性は見られず、イワガネグモ科 *Stegodyphus lineatus*、カニグモ科 *Diaea ergandros*、ガケジグモ科 *Amaurobius ferox* など、まったく別のグループに属するごく一部の種でしか知られていません。なぜカバキコマチグモだけ、強力な毒や母親食いの習性などユニークな生態を示すのでしょうか、その理由が気になるところです。

影の毒グモ・イトグモ

イトグモ（*Loxosceles rufescens*）はイトグモ科（Sicariidae）に属するクモで、東北から九州まで分布し、主に家屋内や洞窟などの閉鎖環境に生息し、薄いボロ網を張り夜間に徘徊します。本種は稀少なクモであるため、毒グモとしてあまり注目されてきませんでしたが、近年、咬傷例が報告されています。それによると「受傷後局所の疼痛、発熱および全身の紅斑が出現し、その後長径約10cmの潰瘍になった」とあります。[8]

海外に分布する同属のドクイトグモ（*Loxosceles reclusa*）やイエイトグモ（*Loxosceles laeta*）も壊死性皮膚病変といった深刻な症状を起こすため、それらと同じタイプの毒である可能性が高いと推測されます。先に紹介したゴケグモは神経毒なのにたいして、これらのクモは細胞を破壊するタイプの毒であり、まったくタイプの異なる毒だと考えられます。**レアなクモとしつつも、見つかるところでは、複数匹が群れているケースもあるようなので、注意は必要です。**本種は生態に関して不明な点が多いため今後さらなる調査が必要でしょう。

毒グモを「正しく」恐れよう

以上が日本で潜在的に刺咬被害をもたらしうるクモ類です。もちろん海外（とくにオーストラリアや南アメリカ）に目を移せば、ジョウゴグモ科の *Atrax* と *Hadronyche* spp.、ドクイトグモの仲間 *Loxosceles* spp. など危険性の高いクモが知られていますが、これらは今のところ日本で記録されたことはありません。日本には1600種強のクモが生息していますが、そのうち人間に害を及ぼしうる毒グモは2〜3種に過ぎませんので、クモは一般的に危険性の低い生き物と言い切ってよいと思います。**大切なのは、毒グモについて正しい知識を持つこと、そして正確に毒グ**

モと安全なクモを区別できることです。この節をきっかけに、世間一般の方々にクモの毒に関する正確な知識が広まればと思います。

ちなみに私がこれまでに咬まれたことのあるクモは、ワキグロサツマノミダマシ、イシサワオニグモ、ヤマオニグモ、オニグモ、アシナガグモ、アシナガコマチグモ、アマミジョウゴグモ、コガネグモです。しばらくピンセットで挟まれたような持続的な痛み（おそらく毒物質でしょうか）があるものの、たいていは数十分から数時間以内に痛みが引きます。これらの私を咬んだクモの多くは造網性のクモで、意外とコガネグモ科の仲間が人を咬む傾向があるような気がしています。**ほぼすべて素手でクモを捕まえようとして咬まれたものなので、裏を返せば、こちらから危害を加えないかぎり、クモに咬まれることはありません。**

25 遊びと文化

いまも各地に残るクモの遊びや文化

クモは昔から人々の生活に馴染みの深い生き物です。クモを用いた遊び、クモの俗信、クモを食べる文化など多岐にわたります。

クモを闘わせる遊び

クモを闘わせる遊びというのは、日本各地で広く行われていたようです。クモが一対一で闘う様子は相撲を連想させるため、一般的に「クモ相撲」と呼ばれていたようです。しかし、今では限られた場所でしか行われなくなりました。クモ相撲の最も有名なイベントとして、鹿児島県姶良《あいら》市加治木町や高知県四万十市中村ではコガネグモ（*Argiope amoena*）のメス同士を闘わせる**「クモ合戦」**が行われています。これは棒の両端に2匹のクモ（メス成体）を配置し、取っ組み合いをさせます。お尻を咬まれたり、棒から落ちた個体が負けと判定されます。イベント前から子どものクモを採集しておいて、大会までに強いクモを育てあげるようです。

　クモ相撲に使われるのはコガネグモだけではありません。神奈川県横浜市や千葉県の房総地方では、ネコハエトリ（*Carrhotus xanthogramma*）のオス（ホンチと呼ばれている）同士を闘わせる**「ホンチ相撲」**が行われています。これは昭和30年代の中頃までに子どもたちを中心に盛んに行われたもので、ホンチを板の上に載せ、闘わせるという遊びです。ホンチ同士が出会うと、腕を伸ばして威嚇し合います。この腕の長さの差が大きいと、短いほうがすぐに委縮して勝敗がつきます。※1 一方、腕の長さが同じくらいだった場合には、取っ組み合いの争いになります[1]。

　クモ相撲の主流はコガネグモのメスですが、地域によっては、ジグモ（石川県南部や千葉県富津市）、カバキコマチグモ、ヤマトコマチグモ、チブサトゲグモ（沖

※1／「動物行動の映像データベース」でネコハエトリの雄間闘争の映像を見ることができる。(http://www.momo-p.com/index.php?movieid=momo190420cx01b&embed=on)

縄県）でも行われるそうです。

こうしたクモ相撲は、日本だけなく、南アフリカや東南アジア（フィリピン・マレーシア）でも行われているようです。フィリピンでは、造網性のクモとして、コゲチャオニグモ（*Neoscona punctigera*）やアカアシオニグモ（*N. vigilans*）[2]が、徘徊性のクモとしては、マスラオハエトリの仲間 *Thiania* spp. がクモ相撲で使われています[3]。このように、闘いに使用されるクモの種類は違いますが、遠く離れた地域でも同じような遊びが見られるのは大変興味深いことです。

クモを食べる文化

海外では昆虫を食べる文化が知られていますが、クモも例外ではありません。南米や東南アジア（タイ、ミャンマーなど）、オーストラリアでもクモを食べる文化が残っているようです。タイでは、生きているジョロウグモの仲間の腹を生で食べたり、火であぶったものに塩を付けて食べるそうです。またクモの卵嚢を食べる文化もタイやアフリカで残っているようです。クモの中ではとくにオオツチグモ科（俗にいうタランチュラ）の仲間がよく食用に用いられます。タランチュラは体格がよく、他のクモに比べて食べることができる部分が多いからでしょう。気になるクモのお味ですが、カニやエビに似た味をしているようです。私も気になってネットで調べたところ、twitter上で実際にジョロウグモ（*Nephila clavata*）を天ぷらにして抹茶塩をかけて食べてみたというツイートがありました。それによると「エビのような風味で非常においしかった」そうで、さらに「腹部が大きい個体は噛んだ瞬間のエビ味噌のような香りが素晴らしかった」とあります。この書き込みを見て、とてもジョロウグモを食べたい衝動に駆られました。**ちなみに私は大学生のときに先輩からクモはチョコレート、あるいはチョコバナナの味がするという話を聞きましたが、これは有名なガセネタのようです。**私はクモが好きでありながら、残念ながらその味を確認したことがありません。ジョロウグモが成熟する秋に、一度味見をしておきたいところです。

ちなみに、中国や朝鮮半島、日本では昆虫を食べる文化が一部の地域で知られるものの、クモを食べる習慣はほとんどありません。なんとも不思議です。

クモにまつわる俗信

クモにまつわる最も有名な俗信として、「朝のクモは縁起がよい、夜のクモは縁起が悪い」と呼ばれるものがあります。この朝グモと夜グモの吉兆が逆転している（すなわち、朝のクモは縁起が悪く、夜のクモは縁起がよい）地域もあるそうです[1]。**ちなみに欧州では、朝のクモは縁起が悪く、夜のクモは縁起がよいそうです。**

網を張る習性と天気との関係についても俗信があるようです。たとえば、「クモが網を張ると晴れになる」や、逆に「クモが網を張ると雨天になる」、また「網の位置によって天候が決まる」などです。真偽は分かりませんが、確かにクモの網を張る行動は天候や風に左右されますので、理にかなった俗信ともいえます。これは日本に限ったことではなく、海外でも同様の言い伝えがあるようです。

アートとしてのクモ

円網に代表されるクモの網は幾何学模様で、まるで芸術品のようです。こうした網のデザインにインスパイヤされたアクセサリーや服が巷《ちまた》では多く見られます。また、クモの網そのものが芸術品として展示されることもあります。日本蜘蛛学会の会員である船曳和代さんは、肉眼ではよく見えないクモの網に白いラッカーを吹きつけ、それを台紙に貼りつけることによってクモの網の標本を２０００点以上作成してきました。[4] これらの標本は「クモの網展」という形で展覧会が催されたことがあります。

私も自然観察会用向けに、一度真似して作ってみたことがありますが、とても美しく、観察会の参加者からも好評でした。

他にも、クモはスパイダーマンを筆頭に、様々な映画やアニメのキャラクターとしても起用されています。有名な二大アメコミ出版社であるマーベルとＤＣの間でどのくらいクモに因んだキャラクターがいるかを比べてみると、マーベルの方がＤ

Cよりもクモ（ここではサソリなどを含むクモ綱）にインスパイヤされたキャラクターが多く、しかもそれらは一見悪役に偏りそうですが、統計的に有意な違いはなく、**ヒーローと悪役どちらにも同じくらいの数見られる**そうです。これはスパイダーマンというヒーローの貢献が大きいと考えられます。[5] 日本の特撮や戦隊もの、さらに妖怪などでもクモをモチーフにしたキャラクターは見られますが、クモの文化的な影響を計るうえでも、実際どのくらいの数いるのか調べてみてもおもしろいかもしれません。

クモ嫌いの原因

こんなに人間の文化と様々な関連があるクモ類ですが、やはりクモを嫌う人（クモ恐怖症）は多いです。しかもこれは日本に限ったことではなく、様々な国でも見られ、その程度は国によっても違うようです。[6] クモを嫌う原因ですが、これはもともと人間の意識に植え付けられた先天的なものではなく、たとえば「クモは感染症の蔓延《まんえん》に深く関わっていた」という根拠のない風評によって文化的に伝達されたものとする説もあるそうです。[7] そのため、正しい知識を持つことによって、あるいはクモのイメージを変えることでその恐怖心を緩和できることが近年の研究で示されています。[8] クモの素晴らしさを伝えたいという私たちクモ研究者にとってはなんとも心強い話です。

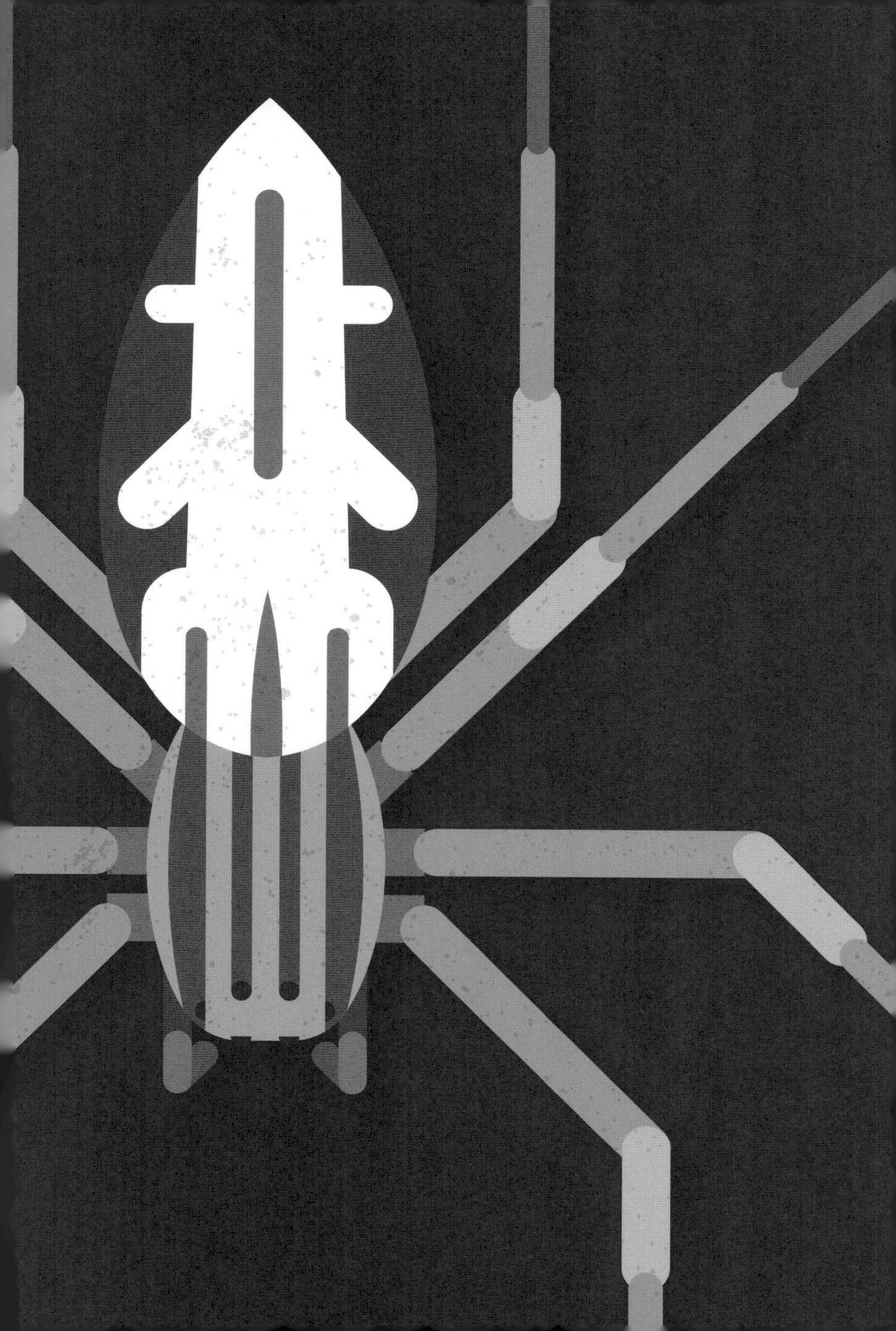

Capter 5

さあ、クモの世界へ踏み込もう

26 クモの体

基本的な構造、科の分類

ここでは、クモの基本的な体のつくり、そして、全体の多様性、系統関係、さらにより古い祖先や他分類群とのつながりについて解説します[※1]。

クモの体の特徴

みなさん、クモの体の特徴は何かご存じでしょうか？　おおまかには、昆虫と同じく節足動物の仲間ではありますが、体のつくりは大きく違っています。たとえば、昆虫は歩脚が前脚・中脚・後脚の3対で合計6本であるのにたいして、クモは歩脚

※1／巻頭の図説を参照。

が4対（第一脚・二脚・三脚・四脚といいます）あり、合計8本あります。また本体のつくりも違います。昆虫は頭部・胸部・腹部の3つのパーツに分かれるのにたいして、クモは頭胸部・腹部の2つのパーツしかありません。

眼の構造も昆虫とは違います。**昆虫はたくさんの眼が集まって大きな複眼を形成していますが、クモは一つ一つの独立した眼に分かれています。**数は基本的には8個ですが、グループ（主に科）によってその配列が違います。またグループや種によっては眼の数が違います。

マシラグモ科やタマゴグモ科、ユウレイグモ科の一部は眼の数が6つですし、洞窟性のクモには眼が退化してしまったものもいます（日本ではオキナワホラアナヤチグモ（*Coelotes troglocaecus*）など。世界の熱帯からは40種ほどが知られています[1]）。ハエトリグモやコモリグモのように、一部のクモは非常に優れた視力を持っていますが、多くのクモはほとんど見えないそうです。

クモの大きな特徴は二本の大顎（正式には鋏角《きょうかく》と言います）です。大顎の先端には牙がついており、ここから餌をしとめる毒が注入され、餌を捕らえるための重要な役割を果たしています。また、その脇には触肢と呼ばれる器官があります。**昆虫の触角のように見えますが、クモのオスでは精子を注入する生殖器としての機能を有するため、非常に重要な器官といえるでしょう。**この上顎（鋏角）も触肢も発生学的にはもともと脚を形成する部分と同じです。なので、付属肢は歩脚8本と鋏角、触肢合わせて合計12本あることになります。

クモの歩脚は7つの節からなります。少し読み方が難しいですが、脚の基部から先端に向かって基節《きせつ》・転節《てんせつ》・腿節《たいせつ》・膝節《しっせつ》・脛節《けいせつ》・蹠節《しょせつ》・跗節《ふせつ》という名前がついています。脚という歩行のための役割が真っ先に考えられますが、それ以外にも大切な役割を果たします。脚には振動を感じたり、虫の羽音や動きを感じるための感覚毛（聴毛・触毛）が生えています。そう、**人間の感覚では分かりにくいかもしれませんが、クモの脚は感覚器として大切な役割を果たしている**のです。

歩脚の先端には爪がありますが、この構造もグループによって異なります。造網性のクモには3本の爪が付いています。このうち1本の小さな爪は糸をつかむのに適した曲がった形状になっています。一方、網を張らないクモの多くはこの爪がなく、爪が2本しかありません。このことから、爪の数は網を張る習性と密接に関係していると考えられます。ちなみに徘徊性のクモでは、小さな爪の代わりに毛束と呼ばれる毛の房があります。これは垂直な基質や滑らかな基質を歩くさいに役立つと考えられています[2]。

クモは基本的に脱皮によって大きくなります。一部の昆虫のように幼虫から蛹を経て成体になることはなく、**子どもも大人も基本的に同じ姿**をしています。クモの場合は幼虫と呼ぶことはあまりなく、幼体・成体と呼ぶことが多いです。大人になるまでの脱皮の回数は種類や栄養状態によって異なるうえに、オスとメスとでも違います。基本的にオスは成熟前のメスを探したり、あるいは小さいサイズで成熟するものが多いため、脱皮回数が少ない傾向があります。

クモは天敵に襲われたりすると、危険を回避するために脚を自切することもできます。ただ、小さい頃に自切した場合は脱皮を重ねることによってある程度回復することができるようです（ただし、再生した脚は他の脚に比べて短くなる傾向があります）。

ちなみに寿命や生活史サイクルが短いクモは、成熟するとそれ以上脱皮はしませんが、寿命が長いハラフシグモやトタテグモなどの原始的なクモの仲間は成熟してからも脱皮を重ねることが知られています。※2

クモは何種もの糸を使う

クモが糸を使うことはご存じかと思います。しかし、何種類もの糸を使い分けるというと「えっ」と驚く人もいます。

クモは用途によって異なる糸を使い分けているのです。クモはどこから糸を出すかというと、腹部の末端にある糸疣という突起から出します。糸疣の形状や数はグループによって多少異なりますが、多くは3対（前疣、中疣、後疣）です。この糸疣の先端にはたくさんの微細な小突起が付いていてそれぞれが様々な糸腺につながっているのです。

糸の種類は最大で7種類です。大まかにいうと、**古い原始的なクモは一つの種類**

※2／意外と知られていないが、クモは昆虫と同様、脱皮を繰り返して大きくなる。

の糸しか使えませんが、網を張る系統的に新しいグループのクモは様々な種類を使い分けるという傾向があります。 ちなみに、よく見かける円網では、4種類の糸が使われています。[※3]

その他の用途の糸ですが、ブドウ状腺・管状腺・篩板《しばん》が挙げられます。ブドウ状腺はクモが獲物を捕まえるさいに、獲物をぐるぐる巻きにするための糸を出します（この糸は捕帯と呼ばれています）。

その他にも、産んだ卵嚢を梱包したり、オスの場合、自分の精液を一度外に出してためるための精網を作るためにもこの糸が用いられます。管状腺はメスにのみ存在する糸腺で、ブドウ状腺と同じく、卵を梱包するさいに用いられます。

篩板はウズグモ科やメダマグモ科、ガケジグモ科、ハグモ科、チリグモ科の一部が持つ出糸器官で、ここから篩板糸という糸を出します。この糸は非常に細くて、直径は約0・01μmしかありません。篩板はこの糸を出す出糸器官がたくさん集まったものであり、ここから細い糸が大量に同時に出されます。**この糸は、非常に細かいという性質によって獲物によく絡まることから、餌の捕獲に役立っています。**

※3／「第12節　クモの網の多様性」参照。

ウズグモ科は横糸の粘着物質を作る鞭状腺を持たず、代わりにこの篩板糸と軸糸が合わさった円網を作ることで、獲物を捕まえています。

こうした複数の糸腺が存在するわけですが、最初に述べたように、グループによって使える糸の種類の数が異なります。たとえば、最も原始的なハラフシグモ科のクモは卵嚢の梱包に用いる糸、穴の内壁や蓋を作るための1種類の糸しか使いませんが、地中性でありながら、もう少し進化的に新しいジグモやトタテグモの仲間、ジョウゴグモ科の仲間（すなわち、トタテグモ下目の仲間）はより発達した糸腺を持っており、3種類ほどの糸腺を持つと考えられています[3]。

より発達した造網性クモでは、アシナガグモ科・ヒメグモ科・コガネグモ科のうち6種類もの糸を使い分け、**ウズグモ科では7種もの糸を使い分ける**と考えられています。造網性クモの生活には様々な用途の糸が不可欠であるとともに、糸腺の発達が、現在のクモの多様化を促したと言い換えることもできます。

世界のクモの種数

世界には現在、119科4140属、4万8000種強のクモが知られています[4]。未知なる種はたくさんおり、現在もどんどん新しい種が発見されています。近い未来5万種は超えるに違いありません。

これらを乱暴に分類すると、※4とても原始的なクモ（中疣亜目《ちゅうゆうあもく》）、それより新しいクモ（後疣亜目《こうゆうあもく》）に分かれます。さらにこの後疣亜目は原始的なクモ（トタテグモ下目）と新しいクモ（フツウクモ下目）に分けることができます。感覚的にはおおざっぱに3つのグループに分かれるといえます。私たちが普段目にする、網を張るクモや家に現れるクモのほとんどはこのフツウクモ下目に属します。

科は100以上あるため、事細かに説明しませんが、とくに種数が多いグループはハエトリグモ科（6000種）サラグモ科（4600種）、コガネグモ科（3000種）、ワシグモ科（2500種）、ヒメグモ科（2500種）、コモリグモ科（2400種）です[4]。すべてフツウクモ下目に属し、進化的にも新しいグループです。

※4／巻頭の図説「クモの系統樹」も参照。

めまぐるしく変わる分類体系

たくさんのクモが地球上に存在するわけですが、これらがどのように進化したのかが、研究者にとってはとても興味があるテーマです。昔は形態情報に基づく分岐分類学的なアプローチを用いて、形の類似性から、どのグループが祖先的で、どのグループが近縁かが論じられてきました。しかしながら、今は遺伝子解析技術の発達により、分子マーカーでの系統関係の復元が試みられています。とくに近年は次世代シーケンサーなどで大量の遺伝子情報を扱えるようになったため、膨大な分子情報に基づく大きなグループ間の系統関係を扱う論文が急速に増えてきており、その分類体系は大幅に変化してきています。

たとえば、ジョロウグモの系統的な位置は最初はコガネグモ科に位置づけられていましたが、その後、アシナガグモ科に移されました。ところが、しばらくするとジョロウグモ科という科が新たに設けられましたが、最近の新たな系統解析の結果を受けて、再びコガネグモ科に戻ってしまいました。最近では、再びジョロウグモ科を復活させようという動きもあり、このように分類体系は日進月歩で変化し続けています。なので、この本が出版されている頃には、クモの分類体系がまた変わっているかもしれません。一方で、大きな系統関係の中でも昔から安定して変わらない部分もあり、そこは信頼性の高い結果だといえるでしょう。現在、支持されている大まかな系統樹を図に示してみました。※5 重要なポイントを以下に列挙してみます。

・全体は、中疣亜目と後疣亜目とに分かれていて、中疣亜目には最も原始的なクモであるハラフシモ科だけが含まれ、その他のすべてのクモは後疣亜目に含まれる。後疣亜目はさらに、地中性のトタテグモ類を含むトタテグモ下目、と空中に網を張るクモ類を含むフツウクモ下目に分かれている。

・円網を張る習性は様々なクモの系統（アシナガグモ科・コガネグモ科・ウズグモ科など）で見られるが、これはそれぞれのグループで別々に進化したのではなく、一回だけこの造網行動が進化し、そこから各グループが派生してきたもの。

・ヒメグモ科やサラグモ科など、立体的な網を張るグループがいるが、これはもと

※5／10ページに掲載。文献[5]を基に作成。

もと円網を張るクモの一部から生じてきた。

・徘徊性のクモは、網を張るクモの一部が二次的に網を張る習性を失ったもの。

・RTA群※6という網を張るクモから徘徊性のクモまで多様な習性を持つ一群（ハエトリグモ科・フクログモ科、カニグモ科、タナグモ科、ヤマトガケジグモ科など）がいるが、徘徊性クモ（ハエトリグモ科・フクログモ科・カニグモ科）は、網を張るグループから進化している。

重要なことは、**糸を作るという性質が進化したことが、現在のクモの多様性と密接に関係している**ということです。これはゆるぎない事実でしょう。

クモの祖先と親戚

ここまで「クモ」のことばかり述べてきましたが、クモの起源を知るうえでは他の近縁なグループとの関係性を知ることも大切です。最後に少しだけクモ以外の仲

※6／オスの触肢の脛節に目立つ突起が見られるグループ。

間についても紹介します。この本で述べる「クモ」というのは、クモ目という一つのグループのことを指していますが、さらに大きな括りでは「クモガタ綱」に属します。このクモガタ綱にはザトウムシ目やダニ目、サソリモドキ目、ウデムシ目、サソリ目、ヒヨケムシ目、クツコムシ目・カニムシ目などが属します。

さらにこのクモガタ綱を含む大きなグループとして鋏角亜門というグループが存在します。この仲間には、ウミグモ（ウミグモ綱）という海洋生物、さらにはカブトガニ（カブトガニ綱）なども含まれます。この大きなグループ同士の関係性はまだ完全には分かっておらず、2019年に入ってからも、大量の遺伝子データをもとに異なる学説が提示されています。[※7] 今後の研究の進展から目が離せません。

クモの起源

ところで、クモはいつ頃地球上に現れたのでしょうか？　その出現期は、古生代デボン紀から石炭紀の間と考えられており、原始的なグループであるハラフシグモ

※7／カブトガニがじつはクモガタ綱に含まれる・含まれない議論など。[6]

科のクモの化石は、約2億9900年前（石炭紀後期）のものが発見されています。それらのクモは、現生のハラフシグモ科のクモとほとんど形態的な違いがないそうです。つまり、3億年近く姿形を変えていないということになるので、驚きですね。

クモの起源に関しては、最近も大きな動きがありました。ミャンマーの森林地帯で発掘された1億年以上前の琥珀の中から、クモのような変わった風貌の生き物が発見されたのです。**一見、脚が8本あって見た目はクモのようなのですが、なんと腹部の先端にしっぽを持つのです。**この奇妙な生き物は、中国の研究者によってキメララクネ（*Chimerarachne yingi*）と名づけられました。[7] 原生種にこのような種はいませんが、この生き物が属するグループの起源は相当古いものと推定されています。

クモとその他のグループの間には形態的な違いが大きく、その関係性は不明な部分が多いのですが、もしかしたら、このキメラクネはクモとその他との生物との関係を埋める重要なカギを握っているのかもしれません。そして、この琥珀の生き物に関する研究は現在非常に発展が著しく、もしかしたら数年後にはここに書いている知見も大きく変わっていることも十分に考えられます。

27 新種のクモを見つけよう

日本では年に10種以上の新種が見つかっている

「新種」という言葉は、誰でも一度はテレビやネットで耳にしたことがあるのではないでしょうか。新種とはこれまでに見つかっていなかった、あるいは学術的に名前がついておらず、新たに学術的な名前（学名）[※1]が付与された生き物のことを指します。[※2]名前のついていない未知な生き物は地球上にたくさん存在しており、その推定値は数百万種ともいわれています。クモももちろん例外ではありません。2019年現在、世界には4万8088種ものクモに名前がついていますが、まだ発見されていない（であろう）種がたくさんいます。**日本では、約1700種近くものクモが知られていますが、少なくともあと400種近くの未知なる種がいるのではな**

※1／世界共通で用いられる、生物の種・分類の名称。本書の中でイタリックで記しているものがそれ。

※2／通常、名前がついていない種は「未記載種」と呼び、記載論文によって新たに名前がつけられた種を「新種」と呼ぶ。この本では分かりやすさのため、二つの用語を曖昧に使っている。

いかと見積もられています。では、具体的に未知の種、新種はどんなところにいるのでしょうか？　どんな場所を探せばよいのでしょうか？　私自身もこれまで日本各地でクモを探索する過程で図鑑に載っていないクモにたくさん遭遇してきました。その体験談も含め、ここでは新種が発見され、記載されるプロセスについて紹介したいと思います。

新種のクモは意外と地味？

さて、「新種のクモ」と聞いてみなさんはどんな姿形をイメージするでしょうか？　見たこともないような奇抜な姿、派手な模様のクモを想像する人も多いかと思います。実際に、私が一般向けのクモの観察会を開いてみると、奇抜な形のクモを見つけたとき、みんな「新種のクモだ！」というセリフをしばしば口にします。

しかし、残念ながら奇抜なクモ、目立つクモの多くは人の興味も引きやすく、かなり早い段階で研究者に発見されているケースが多いのです。**まだ名前がついていてい**

ないクモの多くは、小さくて、なおかつ模様が地味であり、地面の落ち葉の下など、普段人が注目しないようなつまらない環境にいます。

また、すでに存在は知られているけれども、名前がついていないクモというのもたくさんいます。その理由として「すでに名前がついている種（既知種）と姿形がよく似ているため区別が難しい」あるいは「個体の変異の幅が大きいため、違いが認められても本当に別種かどうか判断に迷う」などの理由が挙げられます。あるいは国内に似た種がいなくても、国外ではすでに発見されているケースもあります。そのため、新種かどうかの判定は意外と難しいものなのです。

日本のクモの種数の変遷

日本のクモはどのくらいのペースで新種が見つかってきたのでしょうか？　日本のクモの分類の研究が始まったのは１８００年代の後半です。始めは海外の研究者が持ち帰った日本のクモ標本をもとに名前がつけられていましたが、その後、国内では岸田久吉氏がクモの分類学的研究を推進し、そこから現在まで脈々と分類の研究が引き継がれています。新種の記載[※3]ペースですが、1970年の段階で836種、1977年では914種、1989年にはついに1000種を突破し、2000年に1317種、2008年に1492種、そして、2019年現在で1600種代後半と種数は右肩上がりで増加しています[1]。1970年から2019年までの49年間で830種ほど増加していることから、日本では一年ごとに約17種ものクモが増えていることになります。

もちろん、この中には新種だけでなく、海外に分布していて、日本でも新たに見つかった種も含まれています。しかし、こんなに多くのクモが毎年発見されているとは驚きですよね。

未知のクモを探すには？ 南西諸島の魅力

図鑑に載っていない未知のクモを探すにはどこを探せばよいのでしょうか？ 近

※3／新種は、論文にまとめて雑誌などに掲載されてはじめて認められる。

年、とくに新種の発見が相次いでいるのが、沖縄県や鹿児島県にある南西諸島の島々です。ここは亜熱帯の気候帯に属するために面積のわりに生き物の種数自体が多いこと、さらに現地でクモの研究をする人が少なかったため、名前がついていない種・正体不明な種が多くいました。

私も1998年に初めて大学のサークル（生物研究部）の夏合宿で鹿児島県の奄美大島を訪れましたが、本土とのクモ相の違いに驚くとともに、名前が分からないクモにたくさん遭遇したことが印象的でした。とくに、**夜の水辺にこれまでに見たことのない手のひら大の巨大なクモがいた**ことに衝撃を受けました。このクモは、日本最大の徘徊性のクモ、オオハシリグモ（*Dolomedes orion*）という種でしたが、当時はまだ名前もついておらず、新種として正式な学名・和名がついたのは、それから5年後の2003年のことでした。[2] 図鑑に載っている生き物がすべてではないということを、身をもって感じた経験です。

その後、多くのクモ研究者が精力的に南西諸島で調査を行い、多くの未記載種のクモに名前がつけられ、南西諸島のクモ相はだいぶ解明されてきました。たとえば、原始的なクモであるヤエヤマジョウゴグモやオオクロケブカジョウゴグモ、糸疣の長さが特徴的なヤエヤマナガイボグモ、オキナワナガイボグモ、島ごとに分化しているキムラグモ類など、目立つクモが挙げられます。

一方、それでも未知なるクモ、日本新記録となるクモの発見は近年も相次いでおり、その全容を明らかにするにはまだまだ時間がかかりそうです。

私の新種発見記

私自身も、これまで様々な場所でクモを採集してきましたが、その過程でたくさんの未知なるクモに遭遇してきました。その中でもとくに印象に残ったクモをいくつか紹介したいと思います。

一つは、**ババハシリグモ**（*Dolomedes fontus*）です。大学院の博士課程であった2004年当時、千葉県の房総半島でイソウロウグモの調査を行っていたのですが、その際、研究室メンバーの水生昆虫の調査なども手伝っていました。そのついでに休耕田でクモを探していたら、見慣れない模様の大きなハシリグモを発見しました。この休耕田には、他に同属のスジブトハシリグモ（*Dolomedes saganus*）という種が多数生息しており、私はおそらくこのスジブトハシリグモの色彩変異ではないかと思い、持ち帰って飼育してみました。**ところが、いざ飼育してみると、模様だけでなく行動が違うことに気づきました。**水辺が大好きなスジブトハシリグモは普段水面に脚をつけて餌を待ち構えるのですが、このクモはむしろ水を嫌がっているようでした。また、スジブトハシリグモに比べて脚が短くて太いことも気になりました。

東京大学・大学院在籍時、同じ研究室のクモ分類学者である谷川明男さんに詳しく形態やDNAを分析してもらったところ、既知種とは形態も異なり、DNAの塩基配列もスジブトハシリグモとは大きく違うことが判明し、新種だということが分かりました。「こんな人里近くに生息する、目立つクモが新種であるはずがない……」という先入観があったため、この結果には大変驚きました。

その後、谷川明男さんによりこのクモは新種として記載されましたが、私の採集した標本がタイプ標本[※4]となったため、光栄なことに和名に私の名前をつけていただ

※4／新種の記載のさい、その根拠となる標本のこと。

きました。[※5][3] ちなみに種小名の fontus は神話における「井戸と泉の神」を意味します。なぜ神の名前か？ それは他のハシリグモ属の名前に神の名（たとえば、トリトン *Dolomedes triton*）がつけられているため、それに倣《なら》ってつけたそうです。[※6]

アマミクサグモ（*Agelena babai*）というクモは、学名（種小名）に発見者である私の名前をつけていただきました。この種は大学院の修士課程のとき、イソウロウグモの研究をしている最中に、たまたま民家の生垣で、本種の網を発見し採集しました。本土で普通に見られるクサグモかと思って巣からクモを追い出してみると、なんと図鑑で見たことのないクモが飛び出してきて驚きました。茶色で地味なクサグモとは異なり、このクモはモノトーンでおしゃれな模様をしていたのが印象的でした。こちらは一目で未記載種だと分かり、これも谷川明男さんに標本を渡し、新種のクモとして記載していただきました。

このように、南西諸島はたんに研究者が調査に入っていないという理由だけで、正体が分かっていないクモが多数いるので、未知のクモを見つけてみたい人にはおすすめのスポットです。これらのクモ以外にも、ババコモリグモ（*Hippasa*

※5／新種の記載論文には、Etymology（語源の説明）という項目があり、そこを読むとその生き物の学名の由来を知ることができる。ただし、全ての論文に Etymology があるわけでない。

※6／よくある誤解だが、自分で記載した新種の生物の学名に、自分の名前をつけるケースは（ほとんど）ない。特にルールがあるわけではないが、分類学における暗黙のマナーのようなものである。

lingxianensis※7／与那国島）、ヒラヤジグモ（*Atypus wataribabaorum*／奄美大島）など、私が南西諸島で発見・採集したクモに名前をつけていただきました。生き物の名前は未来永劫使われ続けるものなので、図鑑にこれらのクモが掲載されたときは何ものにも代え難い感動を味わいました。

新種を記載する

大学院生の頃、自分が提供したクモが新種として記載されることに大きな喜びを感じる一方で、自分でもクモの名前をつけてみたいという思いも強くなりました。そこで、博士研究のかたわら、クモ分類学者の谷川明男さんから分類のノウハウを教えていただき、自分でも新種の記載を試みました。

まず、クモが新種として認められるには、学術誌に論文として掲載される必要があります。学術誌に載せるために必要な情報として、主に「その種がどんな特徴を持つのか（description）」、「他の似た種や近縁な種とどんな違いがあるのか

※7／ちなみにババコモリグモは新種として記載された当時、和名・学名（*H. babai*）両方に私の名前がついていたのだが、その後、中国に分布する既知種（*H. lingxianensis*）だと分かり、あとからつけられた*babai*という種小名は新参シノニムとなった。なんとも悲しい話である。

(diagnosis)」が挙げられます。**クモの場合、種の識別点として重要なのは生殖器の形状です。すなわち、オスの触肢と、メスの腹部に付いている外雌器《がいしき》のことです。**この生殖器の特徴を文章と絵や写真でうまく記述し、他種との区別点を書かなければなりません。そのためには、これまでに名前がついている近縁種をすべて調べ、すでに記載されていないかどうか、またそれらとの識別点を明らかにする必要があります。さらに日本だけではなく、近隣諸国に分布する種まで調べなければなりません。私は大学生のときにトカラ列島で採集したヤハズハエトリの不明種を記載しようとしたのですが、幸いこのグループでアジアに分布する種はそれほど多くなく、形態的特徴が似た種もいなかったため、スムーズに未記載種であることが確認できました。

　論文の書き方・お作法をひととおり教えてもらった後、２００６年にこのハエトリグモを、ミナミヤハズハエトリ（*Mendoza ryukyuensis*）として記載することができました。[4] ちなみに論文は専門誌に投稿すればすぐに新種として認められるわけではなく、専門家のチェックを受け、その意見に適切に対応して、初めて雑誌に掲載されるのです。記載や、対応に不備がある場合は却下されることもあります。分類の論文を書くのは初めての経験で、それなりに苦労しましたが、新種記載の論文が掲載された日本蜘蛛学会誌『Acta Arachnologica』が出版されたさいには、これまでに味わったことのない感動を覚えました。

その後もこのスキルを活かして、クマドリハエトリ、ワイノジハエトリ、ヨシタケイヅツグモ、オオサワヒメアシナガグモ、ヤマヒメアシナガグモなど、新種のクモの記載を現在も続けています。**ちなみにワイノジハエトリとクマドリハエトリは、南西諸島ではなく、それぞれ都内の荒川の河川敷、関東の湿地・休耕田などで見つかった個体をもとに新種記載しています。**まさに灯台もと暗しとはこのことで、人が注目しない環境を探せば、身近な環境でも十分に新種発見の可能性があるのです。

終わりなき分類

クモの分類学者が日々新種の発見・記載に励んでいるわけですが、それでもなお追いつかないくらい未知の種がまだたくさん存在しています。[※8] 未知の種は様々なクモのグループで発見されていますが、その中でも最も未解明なグループが、サラグモ科（Linyphiidae）です。

その理由として、そもそも種数が多いこと、さらに体が小さい割に、種の識別点となる生殖器が非常に複雑で分類がとても難しいことが挙げられます。また現在、日本にはサラグモ科の分類を専門とする学者がいないことも分類が遅れている最大の理由といえます。未記載種は少なくとも200種はいると考えられておりますが、新種の発見自体は比較的容易なので、ぜひサラグモの分類に興味を持つ人が増えてほしいところです。

2番目に未解明なのはナミハグモ科（Cybaeidae）のクモです。このクモは数㎜の小型種から1㎝以上の大型種まで、体のサイズがかなりバリエーションに富んでいます。サラグモに比べて比較的大型のクモなので一見分類が簡単そうですが、種識別のカギとなる生殖器の形状に著しい地理的な変異があるため、どこまでが同じ種で、どこからが違う種なのか、非常にその線引きが難しいグループです[※9]（17節参

※8／世界で最も既知種の数が多いハエトリグモ科のクモも、多くの未記載種を抱えている。しかし、最近、若手のハエトリグモ研究者の須黒達巳さん（慶応義塾幼稚舎）がすごい勢いで新種や新記録種の記載を行っている。

※9／詳しくは「第17節　ご当地グモ」を参照。

照)。現在までに、本グループの専門家、井原庸博士が精力的にその変異の実態を明らかにしていますが、形態の違いを基準に分けるならば、未知種の数は100種以上に達するのではないかと見積もられています。[5]

以上のように、日本列島にはまだまだ未知なクモがたくさんいることが分かってもらえたかと思います。このクモ相の全体像を明らかにするには多くの分類学者の力が必要となりますが、クモ研究者の数は高齢化・少子化の影響で徐々に減っています。[1] 分類学者に限れば、プロ・アマチュア合わせても10名以下です。**新種のクモの発見・分類は必ずしもプロの研究者の立場でなくても可能**なので、クモに興味を持った方々には、そのうち、ぜひ新種の記載などにもチャレンジしてもらいたいと願っています。

28 観察の手引き

身近なクモの見分け方

クモを見分けられるようになるにはどうすればよいか？　それにはまず、科を見分けられるようにすることです。すでに説明しましたが、分類の単位とは、国・県・市・区・町・番地のように階層的なものです。ですので、末端の「町や番地」に当たる種の特徴だけ分かっても、大本の分類群（科や属）がまちがっていては正しい種名に行きつきません。たとえば、「体が赤い」「脚が長い」という特徴があったとしても、体が赤いクモや脚が長いクモは様々な科や属にいるわけですから、この特徴だけでは種名は分かりません。科を絞り込んだうえで初めて有意義な情報になるのです。ここでは大まかな科の特徴などを説明したいと思います。**ポイントは**

歩脚の長さやバランス、体型、そして眼の配列です。※1

原始的なクモ

キムラグモ科やジグモ科、トタテグモ科、ジョウゴグモ科のクモが該当します。これらのクモは主に地中や倒木の裏など目立たないところに棲んでいます。形態的な特徴は、あごが、左右ではなく縦方向に動きます。またキムラグモ科やトタテグモ科では、触肢が異様に太く、歩脚が5対（10本）に見えます。また歩脚も太く、全体的にがっしりした体格をしています。眼の数は8つですが、中央に集まっています。

徘徊性のクモ

メジャーな科としては、ハエトリグモ科、キシダグモ科、アシダカグモ科、コモ

※1／巻頭の図説「造網性（網を張る）のクモ」「網を張らないのクモ①・②」も参照。

リグモ科、フクログモ科、ササグモ科、シボグモ科、エビグモ科、カニグモ科が、一方のマイナーなものとしては、イヅツグモ科、ワシグモ科、コマチグモ科、シボグモモドキ科、ヒトエグモ科、アワセグモ科が挙げられます。これらのクモの特徴は、一部の待ち伏せ型のクモ（カニグモ）を除いて、すべて脚の長さがほぼ均等です。おそらく歩くのに適した構造なのでしょう。

個々の科の特徴を説明するのは本の構成上、難しいのですが、**注目すべき点として眼の配列が挙げられます**。これでいくつかの科はすぐに絞り込めます。多くの仲間（ワシグモ科、コマチグモ科、カニグモ科、フクログモ科、アシダカグモ科）は8つの眼が2列に並んでおり、前4・後4という配列になっています。

ところが、ハエトリグモ科は非常に特徴的で、8つの眼のうち前一列（4つ）の真ん中の眼（前中眼）が異常に大きく発達しています。残りの4つの眼の列も後ろに大きく曲がっているため、眼の配列が4・2・2と3列に並んで見えます。ぴょんぴょん飛び跳ねる動きも大きな特徴です。

ササグモ科の眼も特徴的で、前から2・2・2・2という配列です。ハエトリグモと違って一番前の眼はそれほど大きく発達していません。体の特徴は歩脚に長い棘《とげ》が生えていますす。コモリグモ科とキシダグモ科も眼は2列に並んでいますが、後ろの眼の列が大きく曲がって、4・2・2という配置になっています。一見、ハエトリグモと似たような配置に見えますが、前4列の眼が小さく、真ん中の列の眼が大きいので印象は大きく異なります。キシダグモとコモリグモでは後ろの眼の列の曲がり具合が異なり、コモリグモのほうがより強く曲がります。シボグモ科もキシダグモとコモリグモに見た目がよく似ていますが、眼の配列が異なり、前の眼の列が後ろに曲がります。前列の両端の眼が真ん中の列の眼と直線状に並ぶため、配列は2・4・2となります。

ワシグモ科、コマチグモ科、カニグモ科、フクログモ科、アシダカグモ科、エビグモ科などは割と地味なクモです。しかし今度は眼の配列から離れて、眼の形や脚のバランスに注目します。

ワシグモ科は、後列の真ん中の眼2つが、丸ではなく、おにぎり型（三角形）をしているのが大きな特徴です。また、糸疣の形も特殊で、普通、クモの糸疣は先端に進むにつれだんだん細くなっているのですが、ワシグモの糸疣は円筒の管を突き上げたような形をしており、先端も細くありません。この二つの特徴で容易に区別できます。

カニグモ科のクモは脚の長さで区別できます。多くの徘徊性クモはうまく歩くために脚の長さが均等だと述べましたが、カニグモ科は第一脚と第二脚が非常に長く、第三脚と四脚が短いというアンバランスな長さになっています。獲物を待ち伏せて捕えるのに適した体型なのでしょうか？　見た目で容易に区別できます。

残ったコマチグモ科、フクログモ科、エビグモ科、アシダカグモ科などですが、これは静止しているときのポーズで区別できます。コマチグモ科やフクログモ科は脚を前後に伸ばして静止するのに対し、エビグモ科やアシダカグモ科、ヒトエグモ科、アワセグモ科は左右に脚を伸ばして静止します。ヒトエグモ科とアワセグモ科は国内に一種ずつしかいませんので、あとは絵合わせでなんとかなります（そもそも珍しいので見つかることはめったにありませんが）。コマチグモ科とフクログモ科、そしてエビグモ科とアシダカグモ科はそれぞれサイズが違いますので、図鑑を覗けば、あとは絵合わせで区別できると思います。

造網性のクモ

造網性のクモは網を張っているので、網の形を見ればある程度、科が特定できます。円網を張っていれば、コガネグモ科、アシナガグモ科、ウズグモ科（マイナーなところではカラカラグモ科、ヨリメグモ科）、立体的な網を張っていれば、サラグモ科、ヒメグモ科、タナグモ科、ユウレイグモ科、マシラグモ科……と、ある程度あたりがつきます。

一方で、網を張っていない状態で区別をしなければならないケースもあります。その場合、どのように造網性クモと判断すればよいのでしょうか？　**造網性クモの大きな特徴は、徘徊性クモのように、脚の長さのバランスが均等ではなく、第三脚のみ短いことです。**これは獲物を糸で巻く行動や網の上を歩く行動と関連するのでしょうか、この不均衡な脚の長さのため、網のないところで歩くのは苦手なようです。

さて、これを踏まえたうえで、科の識別に役立つのがやはり眼の配列などです。多くの造網性クモは8眼で2列、すなわち、前4後ろ4という配列なのですが、例外もいます。ユウレイグモ科の一部の種や、マシラグモ科のクモは眼の数が少なく、6眼しかありません。注意すべき点は、他の科のクモにも例外的に眼が6眼であったり、4眼であったりする種もいます（たとえばウズグモ科のオウギグモとマネキグモ）。ただし、ユウレイグモ科は体が華奢《きゃしゃ》で、脚が異様に長いので体型からも他の科とは区別が容易です。

その他のクモですが、網以外ではやはり体型があてになります。コガネグモ科とヒメグモ科は腹部が丸くころころした体型です。ヒメグモ科のほうが、サイズが小さく、より脚が細いです（ただし、イソウロウグモやヤリグモの仲間は腹部が細長いという違いがあります）。アシナガグモ科は腹部が細長いことで区別ができます し、ウズグモ科は腹部がやや高いことからなんとなく区別ができます。サラグモ科は「あまり特徴がない」のが特徴でしょうか。タナグモ科のクモは造網性のクモですが、系統的には徘徊性に近いグループであり、シートの上を猛スピードで移動するので、脚の長さが均等で、なおかつ長いです。例外もあり、形態の違いはそこまではっきりはしないのですが、網の特徴と合わせることで、容易に区別ができるようになります。

その他のクモ

徘徊して口から出す粘液で獲物を捕らえるヤマシログモ科、テント状の網を張って受信糸を放射状に張り巡らせるチリグモ科、管状の住居を作るエンマグモ科、生態がよく分かっていないタマゴグモ科などが挙げられます。ヤマシログモ科は眼が6個で、背甲が高く盛り上がったユニークな形をしていて、チリグモ科は扁平な形をしており、体型が特徴的なこと、エンマグモ科は第3脚が静止時に前を向き、体型も細長いこと、タマゴグモ科は眼が6個であり、サイズも小さいことなどが挙げられます。これらのクモはマイナーで種数も少ないので、とにかくどんな種がいるかをあらかじめ知っておくとよいかと思います。

以上がすべてではありませんが、主要な科の大まかな見分け方です。クモに詳しい人は、(おそらく)このような事前情報が頭に入っており、見つけた段階で科の絞り込みまでが終わっています。科は、形態的特徴と生息地の特徴、そして網を張るかどうか、網の形の特徴など総合的な情報を統合して、絞り込まれます。とにかく野外に出たり、図鑑を眺めたりすることで、これらの情報を頭に入れることが種同定の近道だといえるでしょう。

29 見つけたクモを判別しよう

採取同定の基本

クモは昆虫と異なり飛翔を行わないため、捕虫網などの採集用具がなくても比較的容易に採集することができます。しかし、クモの適当な採種法は、網を張るか張らないか、樹上性か地表性か、夜行性か昼行性かなど、その種の持つ生態的特性によって異なってきます。採集に用いる基本的な道具と詳しい方法を紹介します。

捕獲容器

クモの捕獲容器として、ポリエチレン製のフィルムケースやプリンカップ、タッパー、ピルケースなどの容器がよく使われます。ガラス瓶は表面が滑るため、クモが体力を消耗して弱って死んでしまうケースがありますので、注意が必要です。クモが落ち着かない場合は、足場となる植物片や紙片などをガラス瓶に入れるとよいでしょう。そのさい、クモは捕食性の動物であり、共食いを行うため、一つの容器に複数匹入れないようにしましょう。

また、種によっては極端に乾燥に弱い種もいるので、適度な湿度を保つことは大切です。直接霧吹きで水などを吹きかけると、小さなクモの場合、水滴にのみ込まれて溺死する恐れがあるので、湿らせた紙片や植物片を容器に入れるとよいでしょう。一方、クモは飢えにはめっぽう強いので、餌を頻繁に上げる必要はありません。

採集道具

捕虫網は、高い位置に網を張る造網性のクモや、草むらや茂みに潜むクモを採集するさいに便利です。またタナグモ類など、一部の歩行速度の速い造網性クモを採集するさいには、捕虫網をクモの網の下に構えてクモを巣外に追い出す方法が有効です。また植物上を徘徊するクモに関しても、下に捕虫網を構え、はたき落とす方法が有効でしょう。

一方、地面を徘徊するクモは、地面の凹凸や隙間に身を隠すこともあり、捕虫網やプラスチック容器では捕獲することが困難です。ビニール製のマヨネーズの空き容器の底を切ったものは、切り口が基質表面の形に応じて変形するため、地表面や壁を徘徊するクモの採集するさいに便利です（ただし、私自身はあまり使ったことがありません）。また吸虫管も微小なクモや隙間に潜むクモを採集するさいに有効です。トタテグモ類やキムラグモ類などの地中に住居を作るタイプのクモ類については、穴を掘るための小型のスコップや長めの頑丈なピンセットが役に立ちます。

採集技術

クモの捕まえ方には、以下のようなものがあります。

見つけ捕り……隙間や株元、樹皮下など物陰に潜むクモを、肉眼で探して採集する方法です。

スウィーピング法……捕虫網を用いて植生などをすくうことによって、草間や植生上に潜むクモ類を採集する方法です。ただし、植物が濡れていると捕虫網が開かなくなったり、固い枝やトゲのある植物をすくうと網が破れることがあるので、注意が必要です。また、ばね式の捕虫網はフレームが柔らかいため、植物の量が多い場所ではフレームが曲がってうまくクモを採集できないことがあります。そのため、四つ折り式のフレームなど、フレームが頑丈なものを用いるのがおすすめです。

ビーティング法……棒などで低木や樹木の枝をたたき、植生や樹木に潜むクモを落として採集する方法です。落下したクモを受ける道具として傘や白い布などが用いられます。樹林地、低木などの、捕虫網などではすくい取りができない場所で有効です。

ふるい捕り（シフティング）……点地表面に堆積した落葉や土をザルにのせてふるうことにより、その中に潜む微小な土壌性・地表性のクモを採集する方法です。通常、園芸用のふるいやトレイが用いられることが多いですが、なかには食器の水切り用のカゴとトレイを代用品として使っている人もいます。

ツルグレン法……野外で土やリター※1を採取し、それらを専用の装置に設置し、上部から光を当てることによって、熱や乾燥を避けて下に移動するクモ類を採集する方法です。土中や地表面に生息するクモを採集するさいに適しています。

トラップ……ピットフォールトラップは、地面にコップなどを埋めて落とし穴を作り、地表面のクモ類を調査する方法です。コモリグモ科、ワシグモ科、タナグモ科、ナミハグモ科など、地表面を徘徊するクモが主に捕獲されます。クモがトラップの

※1／落ち葉や枝などが堆積した層。腐葉土

底で共食いしないように、トラップの底には水を張り、クモが水面に浮かないよう界面活性剤（洗剤等）を入れることが大切です。また飛翔性昆虫を採集するためのマレーズトラップや、衝突板トラップにも多くのクモが採集されることが知られています。

採集品の保管方法

クモは、乾燥させると種同定において重要な形質である生殖器が変形するため、昆虫のように乾燥標本にすることはできません。そのため、エタノールに漬けて液浸標本にする必要があります。使用するエタノールの濃度として、100％の無水エタノールでは脱水して標本が壊れやすくなるため、DNA採取目的でないかぎりは75〜80％の濃度がよいでしょう。[※2] これは薬局で売っている消毒用アルコールで代用できます。保存瓶はエタノールで劣化しないガラス製のバイアルがよいでしょう。

※2／メタノールは失明の危険などがあるので、絶対に使わない

クモを同定するための道具

クモの種類の名前を明らかにするには、最終的に交尾器の形を見る必要があります。この形が種ごとに違うため、私たちはこの絵合わせをして、クモの種を識別することができるのです。交尾器は小さなクモの体の一部であるわけですから、これを観察するには実体顕微鏡[※3]が必要となります。倍率としては60倍以上が望ましいでしょう。実体顕微鏡は質もピンキリでそれに応じて値段も大きく変わります。最近ではスマホを利用した実体顕微鏡なども出てきているので、少しずつ手の届く値段になってきているような気がします。

さて、実体顕微鏡でのクモの観察の仕方ですが、クモをむき出しにした状態で観察すると、乾いてしまいます。なので、小型のシャーレなどの容器にエタノールを浸した状態で観察します。一方、クモは体が丸いので、平面の上に置くと、すぐ体がひっくり返り、自分の見たい部分が見れないことがあります。観察しやすい角度に向きを固定するには、シリカゲルなど細かい粒子状のもの（あるいは粘性の高い

※3／観察物を薄切りして平面に加工する必要なく、そのまま観察できる顕微鏡。

ゲル状のもの）を敷くとよいでしょう。

クモを同定するための資料

クモを同定するうえで最も役に立つのが図鑑です。古くから優れたクモの図鑑が多くありますが、現在までに分類体系も大きく変わりましたので、最近のものを中心に簡単に紹介します。

まず手軽に使える資料としては、手前味噌ではありますが、『クモハンドブック』（馬場友希・谷川明男／文一総合出版）が挙げられます。身近な種１００種が、絵合わせで分かりますし、種の識別点となる生殖器の画像も掲載されています。次に、『ハエトリグモハンドブック』（須黒達巳／文一総合出版）。ハンドブックでありながら、日本産ハエトリグモの全種が載っていますし、まだ名前がついていない種まで掲載されています。またハエトリグモは種によって色や姿形が違うので、この本をもとに絵合わせをすれば、見た目である程度同定ができます。

もっと多くの種を見たい人は、『日本のクモ　増補改訂版（ネイチャーガイド）』（新海栄一／文一総合出版）がよいでしょう。598種ものクモが掲載されています。ただし、生態写真のみですので、この図鑑だけでは確実な種同定は難しいかもしれません。確実に種を同定するのであれば、それ以上に詳しい『日本産クモ類』（小野展嗣 編著／東海大学出版会）や『写真日本クモ類大図鑑』（千国安之輔／保育社）が必要になります。前者は2009年に出版されましたが、その当時の国産クモ類ほぼ全種の生殖器のイラストが掲載されているので、大変有用です。後者は出版年が1989年とやや古いですが、生殖器と全形図の鮮明な画像が掲載されているため、イラストだけでは分からないときに、とても役立ちます。

ネット情報・SNSの活用

私が小学生の頃は、各種図鑑を参照しながらクモの同定を行っていましたが、分からないクモについて他に調べる手段がなかったため、保留にしていました。しかし、現在は様々なクモを同定するための手段があります。私が子供の頃と決定的には違うのは、インターネットの存在です。ネット上には、個人で開設したブログ・ウェブ図鑑など、様々なクモの画像が落ちています。私も写真や画像のみでクモを同定しなければならない状況がたまにありますが、そうしたときに画像検索で様々なクモの画像を参照できるので、非常に便利です（ただし、ネットは誤った情報も多いので注意が必要です）。

また、クモの文献には、フリーでダウンロードできるものも多いです。たとえば、日本蜘蛛学会誌『Acta Arachnologica』[※4]に掲載されている論文はネットから無料でダウンロードすることができますし、各種同好会誌の記事・報文も同じく無料で読むことができます。

そして、クモは他の分類群よりも生態や分類に関する情報の整備がかなり進んでいます。「World Spider Catalog」[※5]というサイトでは、現在記載されているクモ全種（5万種弱）について、分類学的な文献情報がほぼ全て網羅されており、会員に登録すれば、これらの文献を参照することもできます。常に新しい情報が収集され

※4／https://www.jstage.jst.go.jp/browse/asjaa-char/ja/

※5／https://wsc.nmbe.ch/

ており、最新のクモの分類体系や種数などの情報も充実しています。クモの種名を調べたり、採集したクモが既知種かどうかを調べるさいには、私もいつもこのサイトを利用しています。

またtwitterやFacebookなど各種SNSの発達により専門家とのアクセスも容易になりました。たとえば、画像をネットにアップする事によって、詳しい人や専門家が種名を教えてくれたり、調べてくれるというやり取りもしばしばみられます（ただし、画像には採集地情報や個人情報が付随していたり、あるいは画像が無断利用されるリスクもはらんでいるため、注意は必要です）。

より専門的な情報を仕入れるためには、必要に応じて学会や同好会に入会するのもよいでしょう。以上のように、クモの同定技術を磨くための選択肢やオプションは充実しています。

30 自由研究のアイデア

付録

小・中学校の課題で、あるいは大人でも、夏休みなどのまとまった時間を使って自主的に、クモを題材に自由研究に挑戦してみてはどうでしょうか。以下に、いくつかの研究アイデアを紹介します。

アイデア1・基本的な生活史を調べる

クモの個々の種の生活史は、驚くほどよく分かっていません。たとえば、クモは様々な生き物を食べていますが、幼体の時期に何を食べているかは、分かっていいません。小さすぎて観察が難しいためです。成長に伴って、徐々に食べる餌メニューも変わってきますので、その変化を記録してもおもしろいでしょう。たとえば、造網性クモの場合は、成長に伴い、ハエやトビムシなどの腐食由来の小昆虫から、バッタやカメムシなど大型の植食性昆虫に餌メニューが変化することが知られています[1]。

網を張るクモの仲間は、餌が網に残されるので観察しやすいです。また、複数個体を同時に観察することも可能です。また、すべての餌がクモに捕まるわけではありません。ただ、そんなときも、網にかかったのに逃げられた獲物や、一度食べられたのに逃がされた獲物を観察することによって、クモが捕まえやすい獲物、そうでない獲物などクモの好みも分かるかもしれません。また、同じ場所でも夜間に網を張るクモと昼間に網を張るクモでは食べる餌が違うことも知られています[2]。逆に徘徊性クモは、ほとんど詳しい餌メニューは分かっていませんが、むしろそれを調べることで新たな知見が得られるかもしれません。カニグモの仲間は花の上でエサを待ち伏せるので、比較的観察がしやすいでしょう。

また、室内で飼育し、何回脱皮するか、卵を生涯どのくらい産むかという情報も多くの種で分かっていません。これらを飼育条件下で調べてみるのもよいでしょう。私も小学校5年生のときにイソハエトリという種で、基本的な生活史を明らかにしたことがあります。[※1] クモの飼育餌の確保がネックになってきます。私は夕方に川辺などに発生するユスリカを網で捕らえて、クモに与えていましたが、なかなか大変でした。最近ではペットショップで、トカゲやカエルの餌として、ショウジョウバエやコオロギの幼虫なども売っていますので、これらを活用するとよいでしょう。これまでにクモ各種の生活史がどの程度明らかにされているかは、池田博明さんの「クモ生理生態学事典」というウェブサイト[※2]を参考にするとよいでしょう。文献情報に基づくすべての生態情報がまとめられています。

アイデア2・網の大きさを測る

餌の捕れ具合によって、生き物がどのようにふるまいを変えるか、というのは行

※1／この研究の概要についてはオリンパスが主催する自然観察コンクールのウェブサイトから見ることができる。「しぜこんセンパイ　過去受賞者インタビュー（https://www.shizecon.net/interview/index.html?id=1）」

※2／http://spider.art.coocan.jp/studycenter/Dic11.html

動生態学の分野でも古くから関心が持たれているテーマです。すでに述べたように造網性のクモの網というのは、採餌のモチベーションが可視化されたものです。これらの大きさを測ってみることで、クモがどのくらい餌にたいするモチベーションが高いかを評価することができるかもしれません。円網の餌を捕獲する部分の大きさの測り方は様々ですが、単純なものとしては円網の長半径(a)と短半径(b)を測って楕円で近似する方法が挙げられます（$S=\pi ab$）。たとえば、餌を人為的にクモにあげたり、餌を網から除去した場合、翌日網の大きさがどのように変わるかを調べてみてもおもしろいかもしれません。※3

また、クモは餌の捕れ具合によって網の構造や装飾物を付けたりします。※4 これらの反応はクモの種類によっても様々ですし、日本のクモではけっして研究例は多くありません。網の大きさ以外の要素も調べてみるとおもしろいことが分かるかもしれません。

※3／円網の横糸の長さの計算方法についてはVenner et al. 2001 文献［3］が参考になる。

※4／「第11節　柔軟なクモの網のデザイン」を参照。

アイデア3・オス同士の闘いと求愛行動の観察

　メスとの交尾を巡って、オス同士が闘ったりします。この儀式的な行動は種によっても違うため、非常におもしろいです。たとえば、アリグモのオスは非常にあごが長いのですが、オス同士が争うときこのあごを左右にめいっぱい伸ばしてその大きさを競います。圧倒的に差がある場合は、すぐに短いあごのオスが去りますが、拮抗している場合は、あごを使った激しい闘いに発展します。ネコハエトリなど他のハエトリグモはあごの代わりに第一脚を広げて長さを競うことが知られています。[※5] これらのオス同士の闘いはすべての種で分かっているわけではないので、調べてみるとおもしろいと思います。

　求愛行動はクモのグループによってまったく違います。ハエトリグモの場合はオスがダンスを行いますが、メスに気に入られなければ食われることもあります。どんな要素が求愛の成功・失敗につながるのか、様々な種で調べてもおもしろいでしょう。これらのクモは小さく、網を張らせる必要もないので、室内での観察も比較

※5／動物行動の映像データベースで「ネコハエトリの雄間闘争」を見ることができる。(http://www.momo-p.com/index.php?movieid=momo190420cx01b&embed=on)

的容易だと思います。造網性クモは網を張らせる必要があるため、室内での観察は向いていないので、野外で網を張っているメスにオスを導入するなどの手段が有効です。これらのクモは網を振動させてメスに求愛することが知られています。メスに食べられる危険性が高いため、交尾時間自体は極めて短く、すぐに終わります。

他には、アズマキシダグモの婚姻贈呈[4]、カニグモのメスに催眠術をかけるオス[5]、あごをかみ合わせて交尾をするアシナガグモ類などユニークな交尾行動がたくさん身近なクモで見られます。どんなときに交尾が成功したか、そして、どんなときに交尾が失敗したかが分かると、学術的にも非常に有意義な知見が得られると思います。

アイデア4：どんな場所にどんなクモがいる？

私自身が、小学4年生のときに最初に行《おこな》った研究テーマです。とにかく身近にいるクモを捕まえて何種くらい見られるのか、どんなクモがどんな環境にいるのかを調べるのも、多くのクモを知らない人たちの興味を引くと思います。また、クモ各種の分布はまだまだ未解明であるため、普通種であってもじつは県新記録であったというケースも多々あります。たとえば、南西諸島から青森県まで見られるコガネグモ（*Argiope amoena*）は、宮城県からはいまだに正式な記録がありません。[6] なので、地域のクモ相を調べることによって学術的に新たな知見が得られる可能性があるのです。※6

ところで、クモの名前を調べていると種名が特定できないクモが必ず現れます。こんなときは専門家に相談してみるのもよいでしょう。私も学生時代は自分の力では分からないクモがたくさん採れて途方にくれていましたが、専門家の方に思い切って相談してみると、親切に対応してくださりました。※7

また県レベルだけでなく、環境ごとのクモ相の違い、あるいは、ある特定の種の環境間の密度の違いを明らかにすることも、貴重な知見が得られる可能性があります。そのさい、注意すべき点は、場所間で努力量を揃えるということです。努力量が違ってしまってはクモの個体数や種数が場所によって「多い・少ない」を比較す

※6／クモの採集の仕方や同定の仕方、標本の作り方は「第29節 同定に使う道具」を参照。

※7／専門家へのお願いの仕方は東京大学の谷川明男さんのウェブサイトの「クモの同定依頼に関して」が参考になる。(http://www.asahi-net.or.jp/~dp7a-tnkw/howtoask.html)

ることが難しくなるからです。例えば、捕虫網を使ってクモ類を採集する場合は、網を振る回数を同じにする（あるいは振った数を記録する）、ルートセンサス[※8]の場合は、歩くコースの距離を同じにする（あるいはコースの距離を記録する）ことが大切です。

以上、思いついたテーマを並べてみましたが、これらはあくまで一例にすぎません。他にも糸の強さ・性質に関するテーマなど、様々な方向性に展開することが可能です。これまでにもクモを題材にした自由研究は多くの人がやってきていると思いますので、過去の自由研究のデータベースなども、研究テーマを考える際には大いに参考になると思います。[※9]

※8／歩くコースをあらかじめ決めて、目視で見られたクモの種や数を記録する方法。

※9／理科自由研究データベース（http://sec-db.cf.ocha.ac.jp/）

おわりに

この本は、クモを知らない多くの方々に、クモに親しみを持ってほしいという願いを込めて執筆しました。

クモに関する書籍は意外と多く出版されていて、過去にも『クモのはなしⅠ・Ⅱ』（技報堂出版）や『クモの巣と網の不思議 多様な網とクモの面白い生活』（文葉社）、『クモ学』（東海大学出版部）など、一般向けにクモの生態を解説した本がすでに存在しています。これらの本はクモ研究者の私から見ても非常に分かりやすくておもしろく、「もはやこれ以上、クモの本を出版する必要がないのでは？」と思わせるものです。

しかし、その一方で、「クモ屋がおもしろいと思うトピックと、一般の人がおもしろいと思うトピックには違いがある」ということを、講演会や観察会を通して気づかされてもいました。たとえば、「網を張るクモには夜型と朝型がいる」というクモ屋にとっての常識も、「知らなかった」と、驚かれるのです。また、本は書き手の専門分野にトピックが偏りがちですが、クモへの関心の持たれ方は、行動や見た目だけでなく、環境とのつながり、文化、工業利用など多岐にわたります。

私はもともと行動・進化生態学という分野が専門でしたが、クモの分類などにも同時に携わっており、現在はクモの個体群や他生物、そして環境との関係を扱った個体群生態学・群集生態学などの分野にも携わっています。なので、この広い専門性を活かして、身近なクモの話題から、最新のトピック、さらには人間や環境との関わりに至るまで、様々なクモの知見を幅広く伝える「つなぎ」の役割を果たせればよいなと考えています。本書は各節が独立したオムニバス形式です。興味のあるトピックから、クモの深淵な世界を知っていただけると嬉しいです。

クモに関するトピックを幅広くとりあげたつもりではありますが、自身の専門外である分野（たとえば、節足動物の大系統・化石・クモと文化との関係・糸の物性・糸を作る遺伝子）については、あまり触れられませんでした。この辺は、今後、自分自身もっと勉強して、解説できるようになりたいです。また、クモの行動についても、とりあげていないトピック（採餌場所選択・学習）がまだたくさんあります。こうした話題を詳しく知りたい方には、『まちぶせるクモ：網上の10秒間の攻防』（共立出版）や『クモの生物学』（東京大学出版会）などがおすすめです。

本が人生に及ぼす影響はとても大きいと、個人的に思います。なぜなら、私自身もクモ研究者を志すうえで、強く本の影響を受けたからです。その本は二つ挙げられます。一つは小学4年生の時に親に買ってもらった『クモ』（松本 誠治 ほか著／学研の図鑑）という本です。身近なクモから珍しいクモ、海外のクモまで網羅されており、いま見返しても充実した内容だと感じます。これをきっかけに私は小学校の時にクモに興味を持ち、夏休みの自由研究のテーマとしてクモの研究を行ったのです。

もう一つは、私が大学時代の時に出版された『クモの生物学』（宮下 直編著／東京大学出版部）という本です。この本はこれまでのクモの生態に関する国内外の研究成果が体系立てて解説されており、クモにはこんなに面白い行動や現象がたくさん分かっているのかと衝撃を受けました。大学時代は特に目的もなく、ひたすらクモを採集したり、名前を覚えて楽しんでいたわけですが、この本を読んでから、クモの生態の解明に強い関心を持ちました。特に、網に付けられる隠れ帯（白帯）がエサを誘引したり、網の糸のテンションを調節するという一連の研究に感銘を受け、クモの行動生態学の研究を行いたいという思いを強くし、その後、『クモの生物学』の編著者である東京大学の宮下 直先生の研究室に進学し、本格的に研究の世界に飛び込んだのです。

こうした素晴らしい本との出会いが私の現在の進路を決定づけ、後押ししてくれたのだと、自分の半生を振り返って改めて感じます。ですので、今回、私自身もクモの本を書く機会をいただいたことはとても嬉しく思いますし、この本をきっかけに一人でも多くの方にクモの世界のおもしろさを知っていただけたら、これ以上の喜びはありません。

本書を作成するにあたって、様々な方に協力していただきました。本の原稿を読んでくださった、高田まゆらさん（東京大学）・谷川明男さん（東京大学）・田中幸一さん（東京農業大学）・新海 明さん（日能研）・山﨑健史さん（首都大学東京）・片山直樹さん（農研機構・農業環境変動研究センター）・中島淳さん（福岡県保健環境研究所）・加村隆英さん（追手門学院大学名誉教授）には厚く御礼申し上げます。

また、資料や情報を提供してくださった高須賀圭三さん（慶應義塾大学）・須黒達巳さん（慶応義塾幼稚舎）・鈴木佑弥さん（筑波大学）・加藤 凜さんにも御礼申し上げます。最後に、このような本を作る素晴らしい機会を与えてくれた家の光協会に感謝いたします。特に編集を担当していただいた中山淳也さんには、膨大な量かつ読みにくい文章を丁寧に校閲していただきました。この場を借りて厚く御礼申し上げます。

馬場友希

Baba G. Yuki

農研機構農業環境変動研究センター 生物多様性研究領域 生物多様性変動ユニット 主任研究員。一九七九年福岡県生まれ。二〇〇二年九州大学理学部生物学科卒業、二〇〇八年東京大学大学院農学生命科学研究科生圏システム学専攻博士課程修了。クモの生態・進化・系統・分類に関わる基礎研究や、農業生態系における捕食者の役割の解明という応用研究に取り組む。二〇〇九年日本蜘蛛学会奨励賞を受賞。著書に『クモハンドブック』（文一総合出版）など。日本蜘蛛学会評議員、日本蜘蛛学会誌編集委員長。

PJG, Barrion–Dupo AL, Nuñeza OM (2016) The practice of spider–wrestling in Northern Mindanao, Philippines: its implications to spider diversity. Adv Environ Sci 8: 111–124. [3]須黒達巳 (2016) 世にも美しい瞳ハエトリグモ. ナツメ社 [4]新海 明・船曳和代 (2015) クモの網(第2版). LIXIL出版 [5]Da–Silva E, Coelho L, de Campos TM et al. (2014) Marvel and DC characters inspired by arachnids. The Comics Grid: J Comics Scholarship 4(1). [6]Prokop P, Tolarovicová A, Camerik AM et al. (2010) High school students' attitudes towards spiders: A cross–cultural comparison. Int J Sci Edu 32: 1665–1688. [7]柴崎全弘・川合伸幸 (2011) 恐怖関連刺激の視覚探索:ヘビはクモより注意を引く. 認知科学 18: 158–172. [8] Hoffman YS, Pitcho–Prelorentzos S, Ring L et al. (2019) "Spidey Can": preliminary evidence showing arachnophobia symptom reduction due to superhero movie exposure. Front Psychiatry 10: 354.

【第5章引用文献】

〈26節〉

[1]Mammola S, Isaia M (2017) Spiders in caves. Proc R Soc Lond B 284: 20170193. [2]Niederegger S (2013) Functional aspects of spider scopulae. In Spider Ecophysiology (W Nentwig, ed.). Springer [3]吉田 真 (2000) 第5章 糸腺と糸. 宮下 直編著「クモの生物学」東京大学出版会 [4]World Spider Catalog (2019) World Spider Catalog. Version 20.5. Natural History Museum Bern, online at http://wsc.nmbe.ch, accessed on 28 July 2019. doi: 10.24436/2 [5] Garrison NL, Rodriguez J, Agnarsson I et al. (2016) Spider phylogenomics: untangling the Spider Tree of Life. PeerJ 4: e1719. [6]Ballesteros JA, Sharma PP (2019) A critical appraisal of the placement of *Xiphosura* (Chelicerata) with account of known sources of phylogenetic error. Syst Biol 10. [7]Wang B, Dunlop JA, Selden PA et al. (2018) Cretaceous arachnid *Chimerarachne yingi* gen. et sp. nov. illuminates spider origins. Nature Ecol Evol 2: 614–622.

〈27節〉

[1]谷川明男 (2008) 日本のクモ相はどこまでわかったか. 昆虫と自然 43: 27–29. [2]Tanikawa A (2003) Two new species and two newly recorded species of the spider family Pisauridae (Arachnida: Araneae) from Japan. Acta Arachnol 52: 35–42. [3]Tanikawa A, Miyashita T (2008) A revision of Japanese spiders of the genus *Dolomedes* (Araneae: Pisauridae) with its phylogeny based on mt–DNA. Acta Arachnol 57: 19–35. [4] Baba YG (2006) A new species of the genus *Mendoza* (Araneae: Salticidae) from the Southwest Islands of Japan. Acta Arachnol: 55: 105–107. [5]井原 庸 (2008) ナミハグモ属の生殖器と体サイズにみられる地理的分化と種多様性. Acta Arachnol 57: 87–109.

〈30節〉

[1]Shimazaki A, Miyashita T (2005) Variable dependence on detrital and grazing food webs by generalist predators: aerial insects and web spiders. Ecography 28: 485–494. [2]Herberstein ME, Elgar MA (1994) Foraging strategies of *Eriophora transmarina* and *Nephila plumipes* (Araneae: Araneoidea): Nocturnal and diurnal orb–weaving spiders. Aust J Ecol 19: 451–457. [3]Venner S, Thevenard L, Pasquet A et al. (2001) Estimation of the web's capture thread length in orb–weaving spiders: determining the most efficient formula. Ann Entomol Soc Am 94: 490–496. [4]板倉泰弘 (1993) アズマキシダグモの生活史と婚姻給餌. インセクタリウム 30: 4–9. [5]小野展嗣 (1989) カニグモの縛られた花嫁. 梅谷献二・加藤輝代子 編著「クモのはなしII」技報堂出版 [6]新海 明・安藤昭久・谷川明男・池田博明・桑田隆生 (2018) CD日本のクモver.2018.

〈22節〉
[1] Nyffeler M, Birkhofer K (2017) An estimated 400–800 million tons of prey are annually killed by the global spider community. Sci Nat 104: 30. [2] Schmitz OJ, Beckerman AP, O'Brien KM (1997) Behaviorally mediated trophic cascades: effects of predation risk on food web interactions. Ecology 78: 1388–1399. [3]Hawlena D, Schmitz OJ (2010) Herbivore physiological response to predation risk and implications for ecosystem nutrient dynamics. PNAS 107: 15503–15507. [4]Hawlena D, Strickland MS, Bradford MA et al. (2012) Fear of predation slows plant–litter decomposition. Science 336: 1434–1438. [5]Rypstra AL, Buddle CM (2013) Spider silk reduces insect herbivory. Biol Lett 9: 20120948.6. [6]Nakasuji F, Yamanaka H, Kiritani K (1973) The disturbing effect of micryphantid spiders on the larval aggregation of the tobacco cutworm, *Spodoptera litura* (Lepidoptera: Noctuidae). Kontyu 41: 220–227. [7]Sunderland K (1999) Mechanisms underlying the effects of spiders on pest populations. J Arachnol 27: 308–316.
〈23節〉
[1]Kiritani K, Kawahara S, Sasaba, T et al. (1972) Quantitative evaluation of predation by spiders on the green rice leafhopper, *Nephotettix cincticeps* Uhler, by a sight–count method. Popul Ecol 13: 187–200. [2] Michalko R, Petráková L, Sentenská L (2017) The effect of increased habitat complexity and density–dependent non–consumptive interference on pest suppression by winter–active spiders. Agric Ecosyst Environ 242: 26–33. [3]Birkhofer K, Gavish–Regev E, Endlweber K et al. (2008) Cursorial spiders retard initial aphid population growth at low densities in winter wheat. Bull Entomol Res 98: 249–255. [4] Kobayashi T, Takada M, Takagi S et al. (2011) Spider predation on a mirid pest in Japanese rice fields. Basic Appl Ecol 12: 532–539. [5]Takada MB, Kobayashi T, Yoshioka A et al. (2013) Facilitation of ground–dwelling wolf spider predation on mirid bugs by horizontal webs built by *Tetragnatha* spiders in organic paddy fields. J Arachnol 41: 31–36. [6]Finke DL, Denno RF (2004) Predator diversity dampens trophic cascades. Nature 429: 407–410. [7]Baba YG, Kusumoto Y, Tanaka K (2018) Effects of agricultural practices and fine–scale landscape factors on spiders and a pest insect in Japanese rice paddy ecosystems. BioControl 63: 265–275. [8]Settle WH, Ariawan H., Astuti ET et al. (1996) Managing tropical rice pests through conservation of generalist natural enemies and alternative prey. Ecology 77: 1975–1988. [9] Tsutsui MH, Tanaka K, Baba YG et al. (2016) Spatio–temporal dynamics of generalist predators (*Tetragnatha* spider) in environmentally friendly paddy fields. Appl Entomol Zool 51: 631–640. [10]Baba YG,Tanaka K (2016) Factors affecting abundance and species composition of generalist predators (*Tetragnatha* spiders) in agricultural ditches adjacent to rice paddy fields. Biol Control 103: 147–153. [11]Takada MB, Takagi S, Iwabuchi S et al. (2014) Comparison of generalist predators in winter–flooded and conventionally managed rice paddies and identification of their limiting factors. SpringerPlus 3: 418.
〈24節〉
[1]Eberhard WG, Barrantes G, Weng JL (2006) Tie them up tight: wrapping by *Philoponella vicina* spiders breaks, compresses and sometimes kills their prey. Naturwissenschaften 93: 251–254. [2]川合述史 (1997) 一寸の虫にも十分の毒. 講談社 [3]清水裕行・金沢至・西川喜朗 (2012) 毒グモ騒動の真実–セアカゴケグモの侵入と拡散. 全国農村教育協会 [4]中島 淳・石間妙子・須田隆一 (2013) 過去3年間 (平成22–24年度) における生物 (動物関係) に関する問い合わせ状況. 福岡県保健環境研究所年報 40:137–138. [5]ゴケグモ類の情報センター(昆虫情報処理研究会) URL:https://www.insbase.ac/xoops2/-modules/xpwiki/ [6]Takagi S, Toki W, Yoshioka A (2016) Invasion of the redback spider *Latrodectus hasseltii* (Araneae: Theridiidae) into human–modified sand dune ecosystems in Japan. Appl Entomol Zool 51: 43–51. [7]Toyama M (1999) Adaptive advantages of maternal care and matriphagy in a foliage spider, *Chiracanthium japonicum* (Araneae: Clubionidae). J Ethol 17: 33–39. [8]森戸浩明 (2017) イトグモ (*Loxosceles rufescens*) によるイトグモ咬症 (loxoscelism) の 1例. 日本皮膚科学会雑誌 127: 1339–1344.
〈25節〉
[1]斎藤慎一郎 (2002) 蜘蛛. 法政大学出版局 [2]Pepito

【第4章引用文献】
〈20節〉
[1]Bertone MA, Leong M, Bayless KM et al. (2016) Arthropods of the great indoors: characterizing diversity inside urban and suburban homes. PeerJ 4: e1582. [2]Leong M, Bertone MA, Savage AM et al. (2017) The habitats humans provide: factors affecting the diversity and composition of arthropods in houses. Sci Rep 7: 15347. [3]Shochat E, Stefanov WL, Whitehouse MEA et al. (2004) Urbanization and spider diversity: influences of human modification of habitat structure and productivity. Ecol Appl 14: 268–280. [4]Magura T, Horváth R, Tóthmérész B (2010) Effects of urbanization on ground-dwelling spiders in forest patches, in Hungary. Landscape Ecol 25: 621–629. [5]Miyashita T, Shinkai A, Chida T (1998) The effects of forest fragmentation on web spider communities in urban areas. Biol Conserv 86:357–364. [6]Miyashita T, Shinkai A (1995) Design and prey capture ability of webs of the spiders *Nephila clavata* and *Argiope bruennichii*. Acta Arachnol 44: 3–10. [7]Merckx T, Souffreau C, Kaiser A et al. (2018) Body-size shifts in aquatic and terrestrial urban communities. Nature 558: 113–116. [8]Ripp J, Eldakar OT, Gallup AC et al. (2018) The successful exploitation of urban environments by the golden silk spider, *Nephila clavipes* (Araneae, Nephilidae). J Urban Ecol 4: juy005. [9] Dahirel M, De Cock M, Vantieghem P et al. (2019) Urbanization-driven changes in web building and body size in an orb web spider. J Anim Ecol 88: 79–91. [10]Lowe EC, Wilder SM, Hochuli DF (2014) Urbanisation at multiple scales is associated with larger size and higher fecundity of an orb-weaving spider. PLoS One 9: e105480. [11]Savard JPL, Clergeau P, Mennechez G (2000) Biodiversity concepts and urban ecosystems. Landscape Urban Plan 48: 131–142. [12]Madre F, Clergeau P, Machon N et al. (2015) Building biodiversity: vegetated façades as habitats for spider and beetle assemblages. Glob Ecol Conserv 3: 222–233.
〈21節〉
[1]野崎隆夫 (2012) 大型底生動物を用いた河川環境評価–日本版平均スコア法の再検討と展開. 水環境学会誌 35: 118–121. [2]Clausen IHS (1986) The use of spiders (Araneae) as ecological indicators. Bull Br Arachnol Soc 7: 83–86. [3]Entling W, Schmidt MH, Bacher S et al. (2007) Niche properties of Central European spiders: shading, moisture and the evolution of the habitat niche. Glob Ecol Biogeogr 16: 440–448. [4] Greenstone MH (1984) Determinants of web spider species diversity: vegetation structural diversity vs. prey availability. Oecologia, 62: 299–304. [5] Miyashita T, Shimazaki A (2006) Insects from the grazing food web favoured the evolutionary habitat shift to bright environments in araneoid spiders. Biol Lett 2: 565–568. [6]八幡明彦 (2005) クモのいる自然環境を守るとはどういうことか. Acta Arachnol 54: 147–153. [7]Habeck CW, Schultz AK (2015) Community-level impacts of white-tailed deer on understorey plants in North American forests: a meta-analysis. AoB Plants 7. plv119 [8]Roberson EJ, Chips MJ, Carson WP et al. (2016) Deer herbivory reduces web-building spider abundance by simplifying forest vegetation structure. PeerJ 4: e2538. [8]Takada M, Baba YG, Yanagi Y et al. (2008) Contrasting responses of web-building spiders to deer browsing among habitats and feeding guilds. Environ Entomol 37: 938–946. [9]Richardson ML, Hanks LM (2009) Effects of grassland succession on communities of orb-weaving spiders. Environ Entomol 38: 1595–1599. [10]Baba YG, Tanaka K, Kusumoto Y (2019) Changes in spider diversity and community structure along abandonment and vegetation succession in rice paddy ecosystems. Ecol Eng 127:235–244. [11] Haraguchi TF, Tayasu I (2015) Turnover of species and guilds in shrub spider communities in a 100-year postlogging forest chronosequence. Environ Eutomol 45: 117–126. [12]Prieto-Benítez S Méndez M (2011) Effects of land management on the abundance and richness of spiders (Araneae): A meta-analysis. Biol Conserv 144: 683–691. [13]Katayama N, Osada Y, Mashiko M et al. (2019) Organic farming and associated management practices benefit multiple wildlife taxa: A large-scale field study in rice paddy landscapes. J Appl Ecol 56: 1970-1981. [14]石谷正宇編著 (2012) 環境アセスメントと昆虫(環境ECO選書). 北隆館

Entomol Sci 22: 233–236. [8]Hoffmaster DK (1982) Predator avoidance behaviors of five species of Panamanian orb-weaving spiders (Araneae; Araneidae, Uloboridae). J Arachnol 10: 69–73. [9] Royama T (1970) Factors governing the hunting behaviour and selection of food by the great tit (*Parus major* L.). J Anim Ecol 39: 619–668. [10]Rogers H, Lambers JHR, Miller R et al. (2012) 'Natural experiment' demonstrates top-down control of spiders by birds on a landscape level. PloS One 7: e43446. [11]Gunnarsson B, Wiklander K (2015) Foraging mode of spiders affects risk of predation by birds. Biol J Linn Soc 115: 58–68.

〈17節〉

[1]谷川明男. (2015). 日本産キムラグモ類の系統地理と分類 (特集 クモ研究の現在: 新たな技術と視点から). 生物科学 66: 69–78. [2]Tanikawa A (2013) Taxonomic revision of the spider genus *Ryuthela* (Araneae: Liphistiidae). Acta Arachnol 62: 33–40. [3]Xu X, Liu F, Ono H et al. (2017) Targeted sampling in Ryukyus facilitates species delimitation of the primitively segmented spider genus *Ryuthela* (Araneae: Mesothelae: Liphistiidae). Zool J Linn Soc 181: 867–909. [4]Tanikawa A, Miyashita T (2014) Discovery of a cryptic species of *Heptathela* from the northernmost part of Okinawajima Is., Southwest Japan, as revealed by mitochondrial and nuclear DNA. Acta Arachnol 63: 65–72. [5]Ihara Y (1995) Taxonomic revision of the longiscapus-group of *Arcuphantes* (Araneae: Linyphiidae) in western Japan, with a note on the concurrent diversification of copulatory organs between males and females. Acta Arachnol 44: 129–152. [6]Nakano T, Ihara Y, Kumasaki Y et al. (2017) Evaluation of the systematic status of geographical variations in *Arcuphantes hibanus* (Arachnida: Araneae: Linyphiidae), with descriptions of two new species. Zool Sci 34: 331–345. [7]井原庸 (2007) 中国山地におけるナミハグモ属とヤミサラグモ属の交尾器形態の多様性と地理的分化のパタン. タクサ: 日本動物分類学会誌 22: 20–30. [8]井原 庸 (2008) ナミハグモ属の生殖器と体サイズにみられる地理的分化と種多様性. Acta Arachnol 57: 87–109.

〈18節〉

[1]斎藤慎一郎 (2002) 蜘蛛. 法政大学出版局 [2] Foelix RF (2011) Biology of Spiders, 3rd edn. Oxford University Press [3]Craig CL, Bernard GD, Coddington JA (1994) Evolutionary shifts in the spectral properties of spider silks. Evolution, 48: 287–296. [4]中田兼介 (2015) 食う食われる中でのクモの「見た目」(特集 クモ研究の現在: 新たな技術と視点から). 生物科学 66: 79–88. [5]Kato N, Takasago M, Omasa K et al. (2008) Coadaptive changes in physiological and biophysical traits related to thermal stress in web spiders. Naturwissenschaften 95: 1149 [6]Fujii Y (1997) Ecological studies on wolf spiders (Araneae: Lycosidae) in a Northwest Area of Kanto Plain, Central Japan. Acta Arachnol 46: 5–18.

〈19節〉

[1]Mammola S, Michalik P, Hebets EA et al. (2017) Record breaking achievements by spiders and the scientists who study them. PeerJ 5: e3972. [2] Vollrath F (1978) A close relationship between two spiders (Arachnida, Araneidae): *Curimagua bayano synecious* on a Diplura species. Psyche 85: 347–353. [3]Eberhard WG, Barrantes G, Weng JL (2006) Tie them up tight: wrapping by *Philoponella vicina* spiders breaks, compresses and sometimes kills their prey. Naturwissenschaften, 93: 251–254. [4]Mason LD, Wardell-Johnson G, Main BY (2018) The longest-lived spider: mygalomorphs dig deep, and persevere. Pac Conserv Biol 24: 203–206. [5]Nyffeler M, Pusey BJ (2014) Fish predation by semi-aquatic spiders: a global pattern. PloS One, 9: e99459. [6]Nyffeler M, Knörnschild M (2013) Bat predation by spiders. PloS One 8: e58120. [7]Baba YG, Watari Y, Nishi M et al. (2019) Notes on the feeding habits of the Okinawan fishing spider, *Dolomedes orion* (Araneae: Pisauridae), in the southwestern islands of Japan. The J Arachnol 47: 154–158. [8]Biggi E, Larson JG, Rabosky DL et al. (2019) Ecological interactions between arthropods and small vertebrates in a lowland Amazon rainforest. Amphib Reptile Conserv 13: 65–77. [9]Agnarsson I, Kuntner M, Blackledge TA (2010) Bioprospecting finds the toughest biological material: extraordinary silk from a giant riverine orb spider. PloS One 5: e11234. [10]Chen Z, Corlett RT, Jiao X et al. (2018) Prolonged milk provisioning in a jumping spider. Science 362: 1052–1055.

pollinators and decrease plant fitness. Ecology 89: 2407–2413. [8]Gillespie RG (1991) Predation through impalement of prey: The foraging behavior of *Doryonychus raptor* (Araneae, Tetragnathidae). Psyche 98: 337–350.

〈14節〉

[1]Lubin Y, Bilde T (2007) The evolution of sociality in spiders. Adv Study Behav 37: 83–145. [2]Foelix RF (2011) Biology of Spiders, 3rd edn. Oxford University Press [3]Wright CM, Holbrook CT, Pruitt JN (2014) Animal personality aligns task specialization and task proficiency in a spider society. PNAS 111: 9533–9537. [4]Pruitt JN, Goodnight CJ (2014) Site-specific group selection drives locally adapted group compositions. Nature 514:359–362. [5]Purcell J, Aviles L (2007) Smaller colonies and more solitary living mark higher elevation populations of a social spider. J Anim Ecol 76: 590–597. [6]Yip EC, Powers KS, Avilés L (2008) Cooperative capture of large prey solves scaling challenge faced by spider societies. PNAS 105: 11818–11822. [7]Uetz GW (1989) The "ricochet effect" and prey capture in colonial spiders. Oecologia 81: 154–159.

【第3章引用文献】

〈15節〉

[1]Pekár S, Toft S, Hrušková M et al. (2008) Dietary and prey-capture adaptations by which *Zodarion germanicum*, an ant-eating spider (Araneae: Zodariidae), specialises on the Formicinae. Naturwissenschaften, 95: 233–239. [2]Pekár S, Šmerda J, Hrušková M. et al. (2012) Prey-race drives differentiation of biotypes in ant-eating spiders. J Anim Ecol 81: 838–848. [3]Komatsu T (2016) Diet and predatory behavior of the Asian ant-eating spider, *Asceua* (formerly *Doosia*) *japonica* (Araneae: Zodariidae). SpringerPlus 5: 577. [4]Petráková L, Líznarová E, Pekár S et al. (2015) Discovery of a monophagous true predator, a specialist termite-eating spider (Araneae: Ammoxenidae). Sci Rep 5: 14013. [5]梅田泰圭・新海 明・宮下 直 (1996) アリを専食するミジングモ属 (*Dipoena*) 3 種の餌構成. Acta Arachnol 45: 95–99. [6]小松 貴 (2009) アリの巣に住むクモ、ウスイロウラシマグモ *Phrurolithus labialis* について. Kishidaia 95: 13–16. [7]Stowe MK (1978) Observation of two nocturnal orbweavers that build specialized webs: *Scoloderus cordatus* and *Wixia ectypa* (Araneae: Araneidae). J Arachnol 6: 141–146. [8]Rezác M, Pekár S, Lubin Y (2008) How oniscophagous spiders overcome woodlouse armour. J Zool 275: 64–71. [9]Nyffeler M, Olson EJ, Symondson WO (2016) Plant-eating by spiders. J Arachnol 44: 15–28. [10]Meehan CJ, Olson EJ, Reudink MW et al. (2009) Herbivory in a spider through exploitation of an ant-plant mutualism. Curr Biol 19: R892–R893. [11]Jackson RR, Nelson XJ, Sune GO (2005) A spider that feeds indirectly on vertebrate blood by choosing female mosquitoes as prey. PNAS 102: 15155–15160. [12]Sandidge JS (2003) Arachnology: scavenging by brown recluse spiders. Nature 426: 30. [13]Krehenwinkel H, Kennedy S, Pekár S, Gillespie RG (2017) A cost-efficient and simple protocol to enrich prey DNA from extractions of predatory arthropods for large-scale gut content analysis by illumina sequencing. Methods Ecol Evol 8: 126–134.

〈16節〉

[1]田仲義弘 (2012) 狩蜂生態図鑑–ハンティング行動を写真で解く. 全国農村教育協会[2]Eberhard WG (2000) Spider manipulation by a wasp larva. Nature 406: 255. [3]Takasuka K, Yasui T, Ishigami, T et al. (2015) Host manipulation by an ichneumonid spider ectoparasitoid that takes advantage of preprogrammed web-building behaviour for its cocoon protection. J Exp Biol 218: 2326–2332. [4]Takasuka K, Matsumoto R (2011) Lying on the dorsum: unique host-attacking behaviour of *Zatypota albicoxa* (Hymenoptera, Ichneumonidae). J Ethol 29: 203–207. [5]Redborg KE (1998) Biology of the Mantispidae. Annu Rev Entomol 43: 175–194. [6]Jackson RR, Wilcox RS (1990) Aggressive mimicry, prey-specific predatory behaviour and predator-recognition in the predator-prey interactions of *Portia fimbriata* and *Euryattus* sp., jumping spiders from Queensland. Behav Ecol Sociobiol 26: 111–119. [7]Suzuki Y (2019) Araneophagic behavior of *Gardena brevicollis* Stål (Heteroptera: Reduviidae): Foraging on pre-dispersal spiderlings in the spider's web.

population of *Pardosa lapidicina* (Araneae: Lycosidae). J Arachnol 42: 192–195. [4]McQueen DJ, McLay CL (1983) How does the intertidal spider *Desis marina* (Hector) remain under water for such a long time? New Zeal J Zool 10: 383–391. [5]Kato C, Iwata T, Wada E (2004) Prey use by web–building spiders: stable isotope analyses of trophic flow at a forest–stream ecotone. Ecol Res 19: 633–643. [6]Akamatsu F, Toda H, Okino T (2004) Food source of riparian spiders analyzed by using stable isotope ratios. Ecol Res 19: 655–662.

<11節>

[1]Sherman PM (1994) The orb–web: an energetic and behavioural estimator of a spider's dynamic foraging and reproductive strategies. Anim Behav 48: 19–34. [2]中田兼介 (2015) 食う食われる中でのクモの「見た目」(特集 クモ研究の現在: 新たな技術と視点から). 生物科学 66: 79–88. [3]渡部 健 (2002) カタハリウズグモの網構造の可塑性とその機能について. Acta Arachnol 51: 73–78. [4]Watanabe T (2000) Web tuning of an orb–web spider, *Octonoba sybotides*, regulates prey–catching behaviour. Proc R Soc Lond B 267: 565–569. [5]Bruce MJ, Herberstein ME, Elgar MA (2001) Signalling conflict between prey and predator attraction. J Evol Biol 14: 786–794. [6]Baba Y, Miyashita T (2006) Does individual internal state affect the presence of a barrier web in *Argiope bruennichii* (Araneae: Araneidae)?. J Ethol 24: 75–78. [7]Blackledge TA, Zevenbergen JM (2007) Condition–dependent spider web architecture in the western black widow, *Latrodectus hesperus*. Anim Behav 73: 855–864. [8]Heiling AM, Herberstein ME (1999) The role of experience in web–building spiders (Araneidae). Anim Cogn 2: 171–177. [9]Wu CC, Blamires SJ, Wu CL et al. (2013) Wind induces variations in spider web geometry and sticky spiral droplet volume. J Exp Biol 216: 3342–3349. [10]Liao CP, Chi KJ et al. (2009) The effects of wind on trap structural and material properties of a sit–and–wait predator. Behav Ecol 20: 1194–1203.

〈12節〉

[1]Opell BD, Schwend HS (2009) Adhesive efficiency of spider prey capture threads. Zoology 112: 16–26. [2]Buskirk RE (1975) Coloniality, activity patterns and feeding in a tropical orb–weaving spider. Ecology 56: 1314–1328. [3]Han SI, Astley HC, Maksuta DD et al. (2019) External power amplification drives prey capture in a spider web. PNAS 116: 12060–12065. [4]Alexander S, Bhamla S (2019) Slingshot spider: ultrafast kinematics, biological function and physical models of an extreme arachnid. In APS Meeting Abstracts. [5]Manicom C, Schwarzkopf L, Alford RA et al. (2008) Self–made shelters protect spiders from predation. PNAS 105: 14903–14907. [6]池田博明・谷川明男・新海 明 (2003) クモの巣と網の不思議—多様な網とクモの面白い生活. 文葉社. [7]Garrison NL, Rodriguez J, Agnarsson I et al. (2016) Spider phylogenomics: untangling the Spider Tree of Life. PeerJ 4: e1719. [8]Blackledge TA, Coddington JA, Gillespie RG (2003) Are three–dimensional spider webs defensive adaptations? Ecol Lett 6: 13–18. [9]Townley MA, Tillinghast EK (1988) Orb web recycling in *Araneus cavaticus* (Araneae, Araneidae) with an emphasis on the adhesive spiral component. J Arachnol 16: 303–320. [10]Tanaka K (1989) Energetic cost of web construction and its effect on web relocation in the web–building spider *Agelena limbata*. Oecologia 81: 459–464.

〈13節〉

[1]Wise DH (2006) Cannibalism, food limitation, intraspecific competition, and the regulation of spider populations. Annu Rev Entomol 51: 441–465. [2]Wolff JO, Rezác M, Krejcí T et al. (2017) Hunting with sticky tape: functional shift in silk glands of araneophagous ground spiders (Gnaphosidae). J Exp Biol 220: 2250–2259. [3]Morse DH (2007) Predator Upon a Flower: Life History and Fitness in a Crab Spider. Harvard University Press. [4]Yanoviak SP, Munk Y, Dudley R (2015) Arachnid aloft: directed aerial descent in neotropical canopy spiders. J R Soc Interface 12: 20150534. [5]Lam WN, Tan HT (2019) The crab spider–pitcher plant relationship is a nutritional mutualism that is dependent on prey–resource quality. J Anim Ecol 88: 102–113. [6]Dukas R, Morse DH (2003) Crab spiders affect flower visitation by bees. Oikos 101: 157–163. [7]Gonçalves–Souza T, Omena PM, Souza JC et al. (2008) Trait–mediated effects on flowers: artificial spiders deceive

Cyrtarachne. Naturwissenschaften 101: 587–593. [4] Diaz C, Tanikawa A, Miyashita T et al. (2018) Supersaturation with water explains the unusual adhesion of aggregate glue in the webs of the moth-specialist spider, *Cyrtarachne akirai*. Royal Soc Open Sci 5: 181296. [5]Piorkowski D, Blackledge TA, Liao CP et al. (2018) Humidity-dependent mechanical and Adhesive properties of *Arachnocampa tasmaniensis* capture threads. J Zool 305: 256–266. [6]Miyashita T, Kasada M, Tanikawa A (2017) Experimental evidence that high humidity is an essential cue for web building in *Pasilobus* spiders. Behaviour 154: 709–718. [7]Yeargan KV (1994) Biology of bolas spiders. Annu Rev Entomol 39: 81–99. [8]新海 明·新海栄一 (2002) ムツトゲイセキグモの生活史および「投げ縄」作成と餌捕獲行動. Acta Arachnol 51: 149–154. [9] Forster RR, Forster L (1973) New Zealand Spiders. London: Collins [10]Tanikawa A, Shinkai A, Miyashita T (2014) Molecular phylogeny of moth-specialized spider sub-family Cyrtarachninae, which includes bolas spiders. Zool Sci 31: 716–721.

〈8節〉

[1]Whitehouse ME (2011) Kleptoparasitic spiders of the subfamily Argyrodinae: a special case of behavioural plasticity. In Spider Behaviour. Flexibility and Versatility. (ME Herberstein, ed.). Cambridge University Press [2]Whitehouse ME (1997) The benefits of stealing from a predator: foraging rates, predation risk, and intraspecific aggression in the kleptoparasitic spider *Argyrodes antipodiana*. Behav Ecol 8: 665–667. [3]Silveira MC, Japyassú HF (2012) Notes on the behavior of the kleptoparasitic spider *Argyrodes elevatus* (Theridiidae, Araneae). Revista de Etologia 11: 56–67. [4]Vollrath F (1979) Vibrations: their signal function for a spider kleptoparasite. Science 205: 1149–1151. [5]Miyashita T, Maezono Y, Shimazaki A (2004) Silk feeding as an alternative foraging tactic in a kleptoparasitic spider under seasonally changing environments. J Zool 262: 225–229. [6]Tanaka K (1984) Rate of predation by a kleptoparasitic spider, *Argyrodes fissifrons*, upon a large host spider, *Agelena limbata*. J Arachnol 12: 363–367. [7]Grostal P, Walter DE (1997) Kleptoparasites or commensals? Effects of *Argyrodes antipodianus* (Araneae: Theridiidae) on *Nephila plumipes* (Araneae: Tetragnathidae). Oecologia, 111: 570–574. [8]Peng P, Blamires SJ, Agnarsson I et al. (2013) A color-mediated mutualism between two arthropod predators. Curr Biol 23: 172–176. [9]馬場友希 (2009) 盗み寄生者チリイソウロウグモの宿主適応に伴う形質分化の仕組み. Acta Arachnol 58: 105–110. [10]Su Y, C, Smith D (2014) Evolution of host use, group-living and foraging behaviours in kleptoparasitic spiders: molecular phylogeny of the Argyrodinae (Araneae: Theridiidae). Invertebr Syst 28: 415–431. [11]新海 明 (1989) クモの網の「居候」たち. 梅谷献二·加藤輝代子 編著「クモのはなしII」技報堂出版

〈9節〉

[1]Weyman GS (1993) A review of the possible causative factors and significance of ballooning in spiders. Ethol Ecol Evol 5: 279–291. [2]諏訪将良 (1989) クモ、雲にのる. 梅谷献二·加藤 輝代子 編著「クモのはなしI」技報堂出版 [3]Bonte D, Vandenbroecke N, Lens L et al. (2003) Low propensity for aerial dispersal in specialist spiders from fragmented landscapes. Proc R Soc Lond B 270: 1601–1607. [4] Bishop L, Riechert SE (1990) Spider colonization of agroecosystems: mode and source. Environ Entomol 19:1738–1745. [5]Gillespie RG, Baldwin BG, Waters JM et al. (2012) Long-distance dispersal: a framework for hypothesis testing. Trends Ecol Evol 27: 47–56. [6]Morley EL, Robert D (2018) Electric fields elicit ballooning in spiders. Curr Biol 28: 2324–2330. [7] Hayashi M, Bakkali M, Hyde A et al. (2015) Sail or sink: novel behavioural adaptations on water in aerially dispersing species. BMC Evol Biol 15: 118. [8]長野宏紀 (2019) キノボリトタテグモの水中における巣内での行動. Kishidaia 114: 41–43. [9]Garb JE, González A, Gillespie RG (2004) The black widow spider genus *Latrodectus* (Araneae: Theridiidae): phylogeny, biogeography, and invasion history. Mol Phyl Evol 31: 1127–1142.

〈10節〉

[1]Foelix RF (2011) Biology of Spiders, 3rd edn. Oxford University Press. [2]池田博明 (2018) クモ生理生態事典. 2018 http://spider.art.coocan.jp/studycenter/Dic11.html [3]Keiser CN, Pruitt JN (2014) Submersion tolerance in a lakeshore

1868)(Araneae: Salticidae). Arachnology 16: 219–225. [6]Lim ML, Land MF, Li D (2007) Sex-specific UV and fluorescence signals in jumping spiders. Science 315: 481-481. [7]Hebets EA, Uetz GW (2000) Leg ornamentation and the efficacy of courtship display in four species of wolf spider (Araneae: Lycosidae). Behav Ecol Sociobiol 47: 280–286. [8]諏訪将良 (1980) ハリゲコモリグモ *Pardosa laura* complex の求愛行動. 日本生態学会誌30: 63–74. [9]Barth FG, Bleckmann H, Bohnenberger J et al. (1988) Spiders of the genus *Cupiennius simon* 1891 (Araneae, Ctenidae). Oecologia 77: 194–201. [10]Rovner JS (1980) Vibration in *Heteropoda venatoria* (Sparassidae): a third method of sound production in spiders. J Arachnol 8: 193–200.

〈5節〉

[1]Heiling AM, Herberstein ME, Chittka L (2003) Pollinator attraction: crab–spiders manipulate flower signals. Nature 421: 334. [2]Théry M, Casas J (2002) Visual systems: predator and prey views of spider camouflage. Nature 415: 133. [3]Liao HC, Liao CP, Blamires SJ et al. (2019) Multifunctionality of an arthropod predator's body coloration. Funct Ecol 33: 1067–1075. [4]Herberstein ME, Heiling AM, Cheng K (2009) Evidence for UV–based sensory exploitation in Australian but not European crab spiders. Evol Ecol 23: 621–634. [5]Nakata K, Shigemiya Y (2015) Body–colour variation in an orb–web spider and its effect on predation success. Biol J Linn Soc 116: 954–963. [6]Tso IM, Lin CW, Yang EC (2004) Colourful orb–weaving spiders, *Nephila pilipes*, through a bee's eyes. J Exp Biol 207: 2631–2637. [7]Chuang CY, Yang EC, Tso IM (2007) Deceptive color signaling in the night: a nocturnal predator attracts prey with visual lures. Behav Ecol 19: 237–244. [8]中田兼介 (2015) 食う食われる中でのクモの「見た目」(特集 クモ研究の現在: 新たな技術と視点から). 生物科学 66: 79–88. [9]Tso IM, Zhang S, Tan WL et al. (2016) Prey luring coloration of a nocturnal semi–aquatic predator. Ethology 122: 671–681. [10]Baba YG, Watari Y, Nishi M et al. (2019) Notes on the feeding habits of the Okinawan fishing spider, *Dolomedes orion* (Araneae: Pisauridae), in the southwestern islands of Japan. J Arachnol 47: 154–158. [11]Brandley N, Johnson M, Johnsen S (2016) Aposematic signals in North American black widows are more conspicuous to predators than to prey. Behav Ecol 27: 1104–1112. [12]Takahashi Y, Noriyuki S (2019) Color polymorphism influences species' range and extinction risk. Biol Lett. https://doi.org/10.1098/rsbl.2019.0228

【第2章引用文献】

〈6節〉

[1]須黒達巳 (2017) ハエトリグモハンドブック. 文一総合出版 [2]Cushing PE (2012) Spider–ant associations: an updated review of myrmecomorphy, myrmecophily, and myrmecophagy in spiders. Psyche 2012: 151989. [3]Huang JN, Cheng RC, Li D et al. (2010) Salticid predation as one potential driving force of ant mimicry in jumping spiders. Proc R Soc Lond B 278: 1356–1364. [4]Durkee CA, Weiss MR, Uma DB (2011) Ant mimicry lessens predation on a North American jumping spider by larger salticid spiders. Environ Entomol 40: 1223–1231. [5] Nelson XJ, Jackson RR (2006) Vision–based innate aversion to ants and ant mimics. Behav Ecol 17: 676–681. [6] Jackson RR (1982) The biology of ant–like jumping spiders: intraspecific interactions of *Myrmarachne lupata* (Araneae, Salticidae). Zool J Linn Soc 76: 293–319. [7]橋本佳明 (2016) アリ擬態現象から探る熱帯の生物多様性創出·維持機構. 日本生態学会誌 66: 407–412. [8] Nyffeler M, Olson EJ, Symondson WO (2016) Plant–eating by spiders. J Arachnol 44: 15–28. [9]Nelson XJ, Li D, Jackson RR (2006) Out of the frying pan and into the fire: a novel trade–off for batesian mimics. Ethology 112: 270–277. [10]山﨑健史 (2015) 東南アジアにおけるアリグモ属研究. Acta Arachnol 64: 49–56.

〈7節〉

[1]Miyashita T, Sakamaki Y, Shinkai A (2001) Evidence against moth attraction by *Cyrtarachne*, a genus related to bolas spiders. Acta Arachnol 50: 1–4. [2]Cartan CK, Miyashita T (2000) Extraordinary web and silk properties of *Cyrtarachne* (Araneae, Araneidae): a possible link between orb–webs and bolas. Biol J Linn Soc 71: 219–235. [3]Baba YG, Kusahara M, Maezono Y et al. (2014) Adjustment of web–building initiation to high humidity: a constraint by humidity–dependent thread stickiness in the spider

【第1章引用文献】
〈2節〉
[1]Stearns SC (1992) The Evolution of Life Histories. Oxford Univ. Press. [2]Hongo Y (2007) Evolution of male dimorphic allometry in a population of the Japanese horned beetle *Trypoxylus dichotomus septentrionalis*. Behav Ecol Sociobiol 62: 245–253. [3] Vollrath F, Parker GA (1992) Sexual dimorphism and distorted sex ratios in spiders. Nature 360:156–159. [4]Coddington JA, Hormiga G, Scharff N (1997) Giant female or dwarf male spiders? Nature 385: 687–688. [5]Head G (1995) Selection on fecundity and variation in the degree of sexual size dimorphism among spider species (Class Araneae). Evolution 49: 776–781. [6]Fromhage L, Uhl G, Schneider JM (2003) Fitness consequences of sexual cannibalism in female *Argiope bruennichi*. Behav Ecol Sociobiol 55: 60–64. [7]Foellmer MW, Fairbairn DJ (2005) Selection on male size, leg length and condition during mate search in a sexually highly dimorphic orb–weaving spider. Oecologia 142: 653–662. [8]Moya–Laraño J, Vinkovic D, Allard CM et al. (2009) Optimal climbing speed explains the evolution of extreme sexual size dimorphism in spiders. J Evol Biol 22: 954–963. [9]Elgar MA, Schneider JM (2004) Evolutionary significance of sexual cannibalism. Adv Study Behav 34: 135–163. [10]Quiñones–Lebrón SG, Gregoric M, Kuntner M et al. (2019) Small size does not confer male agility advantages in a sexually–size dimorphic spider. PloS One 14: e0216036. [11]粕谷英一・工藤慎一 (2016) 交尾行動の新しい理解–理論と実証. 海游舎 [12]Hebets EA, Vink CJ, Sullivan–Beckers L et al. (2013) The dominance of seismic signaling and selection for signal complexity in *Schizocosa* multimodal courtship displays. Behav Ecol Sociobiol 67: 1483–1498. [13] Schütz D, Taborsky M (2003) Adaptations to an aquatic life may be responsible for the reversed sexual size dimorphism in the water spider, *Argyroneta aquatica*. Evol Ecol Res 5: 105–117.
〈3節〉
[1]Arnqvist G, Rowe L (2005) Sexual Conflict. Princeton University Press [2]桝元敏也 (2000) 第10章 配偶戦略. 宮下 直 編著「クモの生物学」東京大学出版会 [3]Schneider JM, Fromhage L, Uhl G (2005) Extremely short copulations do not affect hatching success in *Argiope bruennichi* (Araneae, Araneidae). J Arachnol 33: 663–670. [4]Nessler SH, Uhl G, Schneider JM (2006) Genital damage in the orb–web spider *Argiope bruennichi* (Araneae: Araneidae) increases paternity success. Behav Ecol 18: 174–181. [5]Masumoto T (1993) The effect of the copulatory plug in the funnel–web spider, *Agelena limbata* (Araneae: Agelenidae). J Arachnol 21: 55–59. [6] Mouginot P, Prügel J, Thom U et al. (2015) Securing paternity by mutilating female genitalia in spiders. Curr Biol 25: 2980–2984. [7]Nakata K (2016) Female genital mutilation and monandry in an orb–web spider. Biol Lett 12: 20150912. [8]Schäfer MA, Uhl G (2002) Determinants of paternity success in the spider *Pholcus phalangioides* (Pholcidae: Araneae): the role of male and female mating behaviour. Behav Ecol Sociobiol 51: 368–377. [9]Karlsson Green K, Kovalev A, Svensson EI et al. (2013) Male clasping ability, female polymorphism and sexual conflict: fine–scale elytral morphology as a sexually antagonistic adaptation in female diving beetles. J R Soc Interface 10: 20130409. [10]Arnqvist G, Rowe L (2002) Antagonistic coevolution between the sexes in a group of insects. Nature 415: 787–789 [11]Baba YG, Tanikawa A, Takada MB et al. (2018) Dead or alive? Sexual conflict and lethal copulatory interactions in long–jawed *Tetragnatha* spiders. Behav Ecol 29: 1278–1285. [12]粕谷英一・工藤慎一 (2016) 交尾行動の新しい理解–理論と実証. 海游舎
〈4節〉
[1]Foelix RF (2011) Biology of Spiders, 3rd edn. Oxford University Press [2]Girard MB, Endler JA (2014) Peacock spiders. Curr Biol 24: R588–R590. [3]Girard MB, Kasumovic MM, Elias DO (2011) Multi–modal courtship in the peacock spider, *Maratus volans* (OP–Cambridge, 1874). PLoS One 6: e25390. [4]Girard MB, Elias DO, Kasumovic MM (2015) Female preference for multi–modal courtship: multiple signals are important for male mating success in peacock spiders. Proc R Soc Lond B 282: 20152222. [5]Wearing OH, Delneri D, Gilman RT (2014) Limb displays of male *Saitis barbipes* (Simon,

クモの奇妙な世界

その姿・行動・能力のすべて

二〇一九年九月一日　第一版発行
二〇一九年一一月二七日　第三版発行

著者　馬場友希
発行者　関口　聡
発行所　一般社団法人　家の光協会
〒一六二・八四四八
東京都新宿区市谷船河原町十一
電話　〇三・三二六六・九〇二九（販売）
〇三・三二六六・九〇二八（編集）
振替　〇〇一五〇・一・四七二四
印刷　精文堂印刷株式会社
製本　精文堂印刷株式会社

デザイン　鍋田哲平
イラスト　富樫祐介

ISBN978-4-259-54769-1 C0045